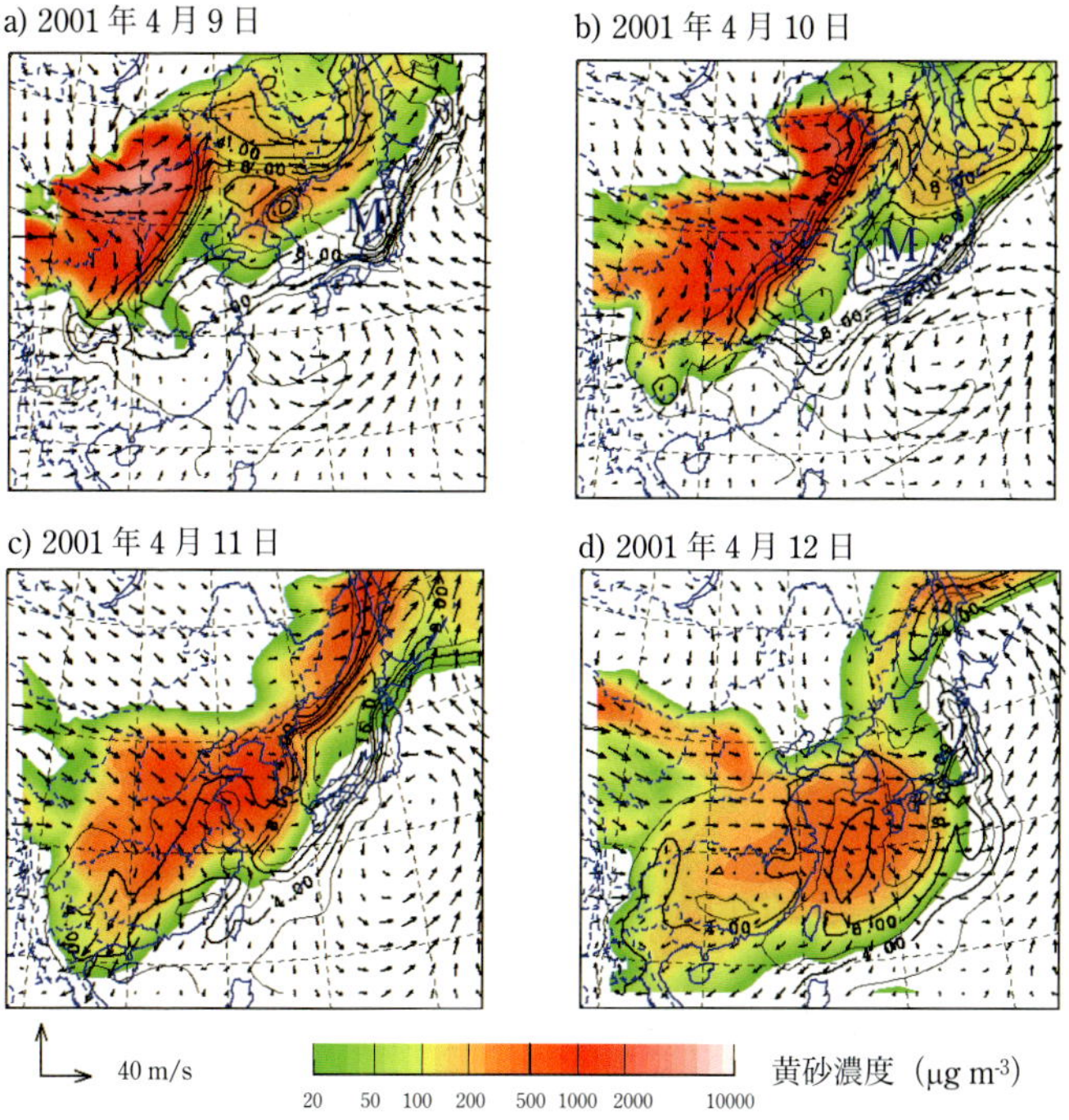

口絵1 ● 2001 年 4 月 9 ～ 12 日の黄砂と硫酸塩粒子の濃度分布。着色部分は境界層中の平均黄砂濃度、黒色のコンター線は平均硫酸塩濃度、矢印は地上 500m の風向・風速を示す

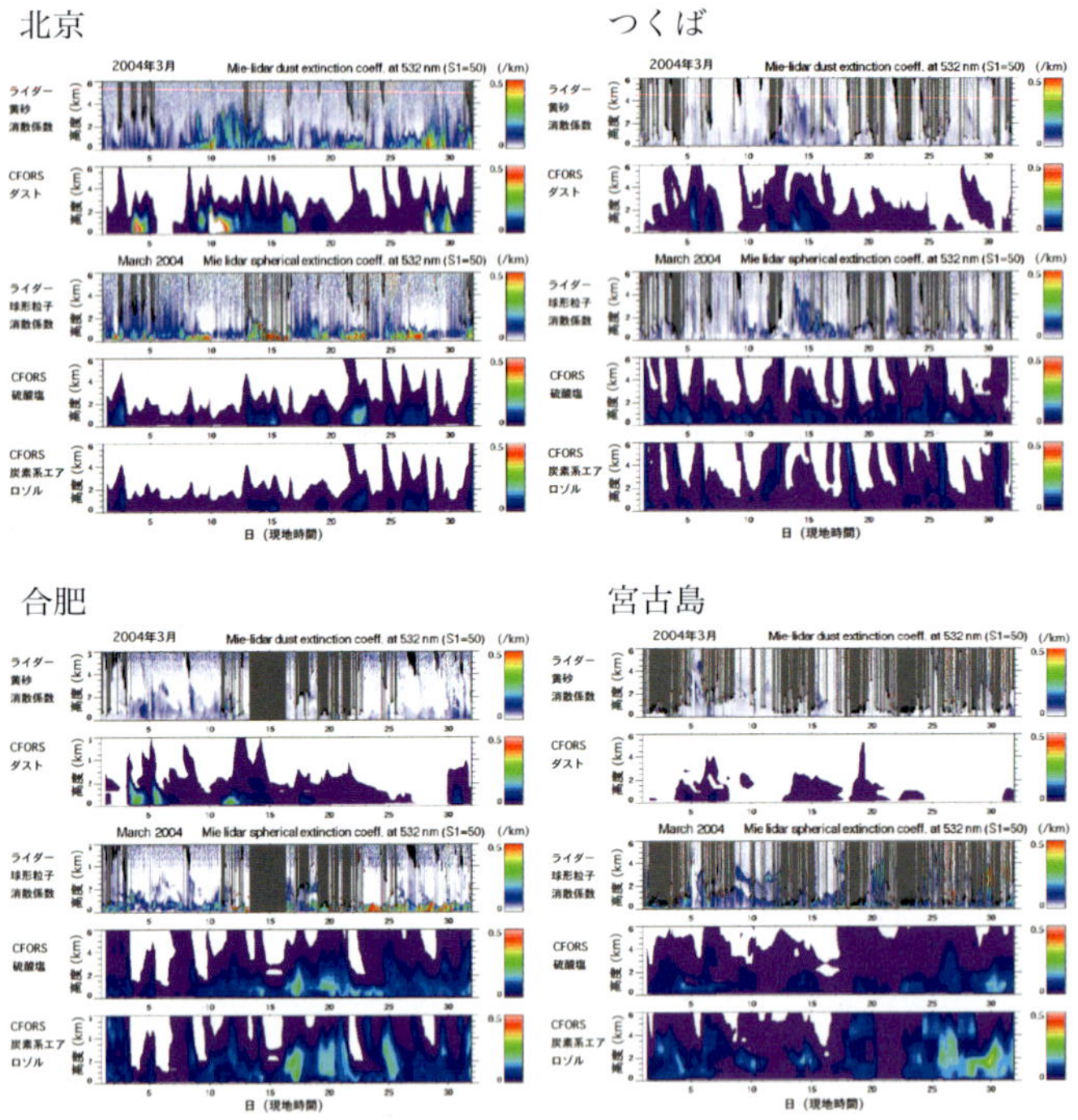

口絵2 ● 2004 年 3 月の北京、合肥、つくば、宮古島における消散係数のライダー観測とモデル計算の結果。それぞれ上から、ライダーによる黄砂、シミュレーションモデル (CFORS) の黄砂、ライダーの球形粒子、CFORS の硫酸塩、CFORS の有機エアロゾル (黒色炭素と有機炭素の和)。ライダーの図中で黒く表示されている部分は雲を表し、灰色は雲の上でデータが得られない部分、または欠測の期間を表す

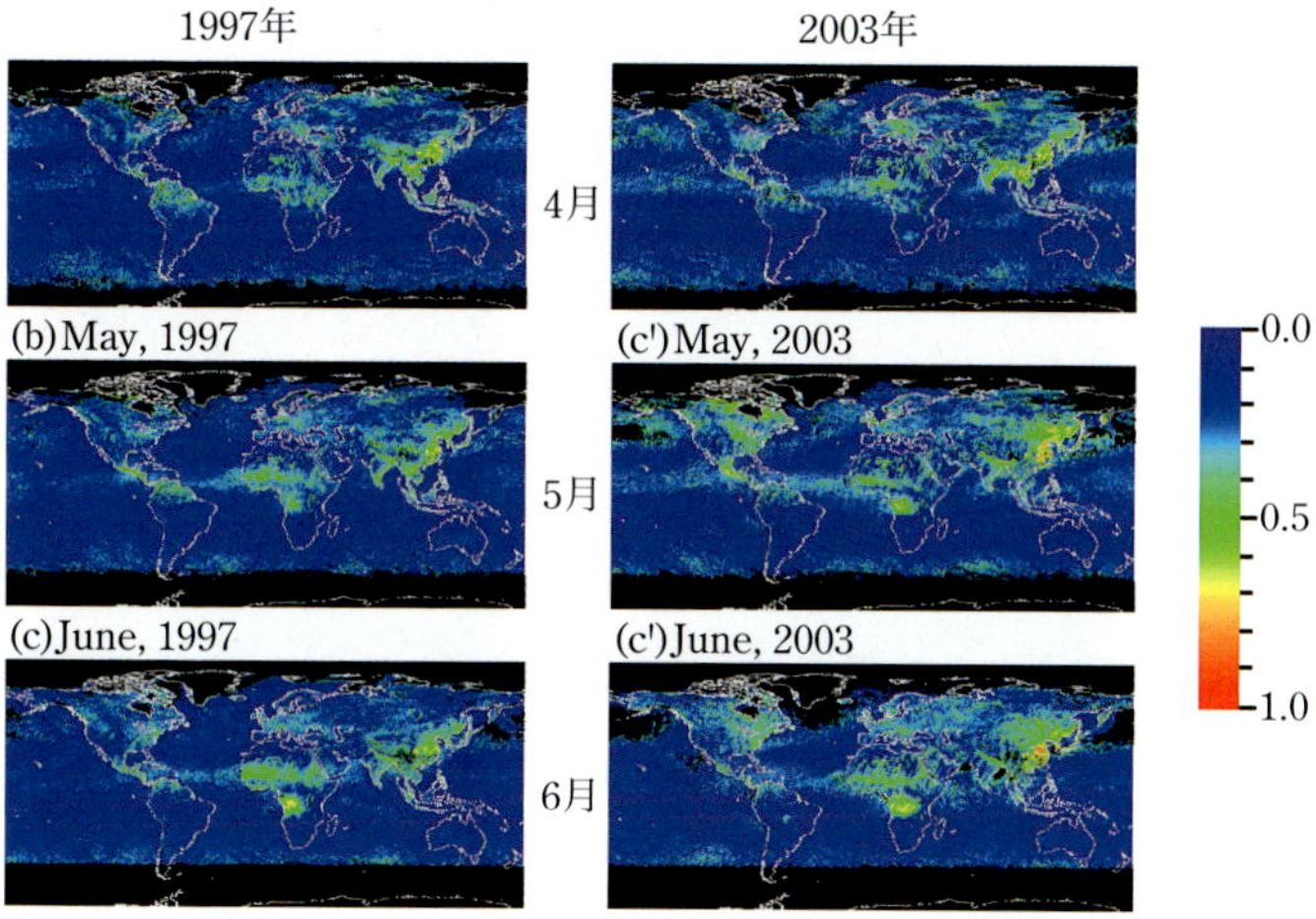

口絵3 ADEOS-I & -II/POLDER センサで取得された偏光輝度データから導出したエアロゾルの光学的厚さ分布；1997 年（左図）、2003 年（右図）

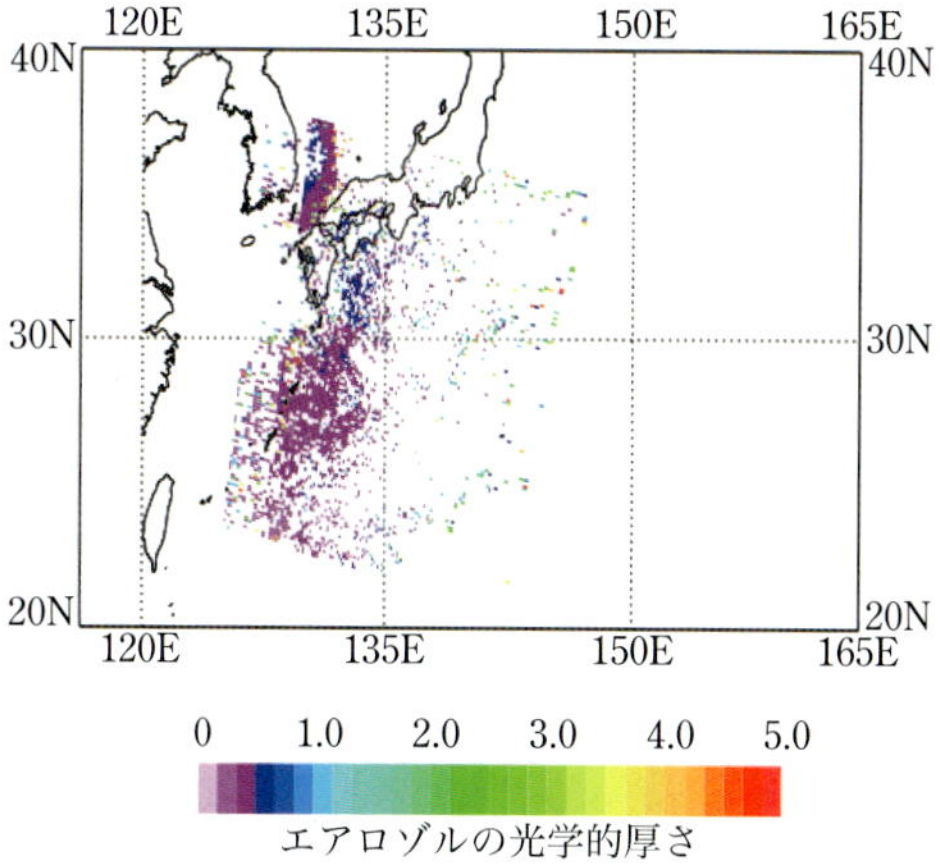

口絵4 人工衛星 ADEOS-II / GLI センサによって観測されたデータから推定された、非吸光性エアロゾルの光学的厚さ（500nm）の分布。2003 年 9 月 16 日 10 時 46 分の日本周辺の様子。船上サンプル観測より、このエアロゾルは硫酸塩粒子であると推定されている。この図から西日本一帯に硫酸性の大気汚染物質が広がっていることがわかる

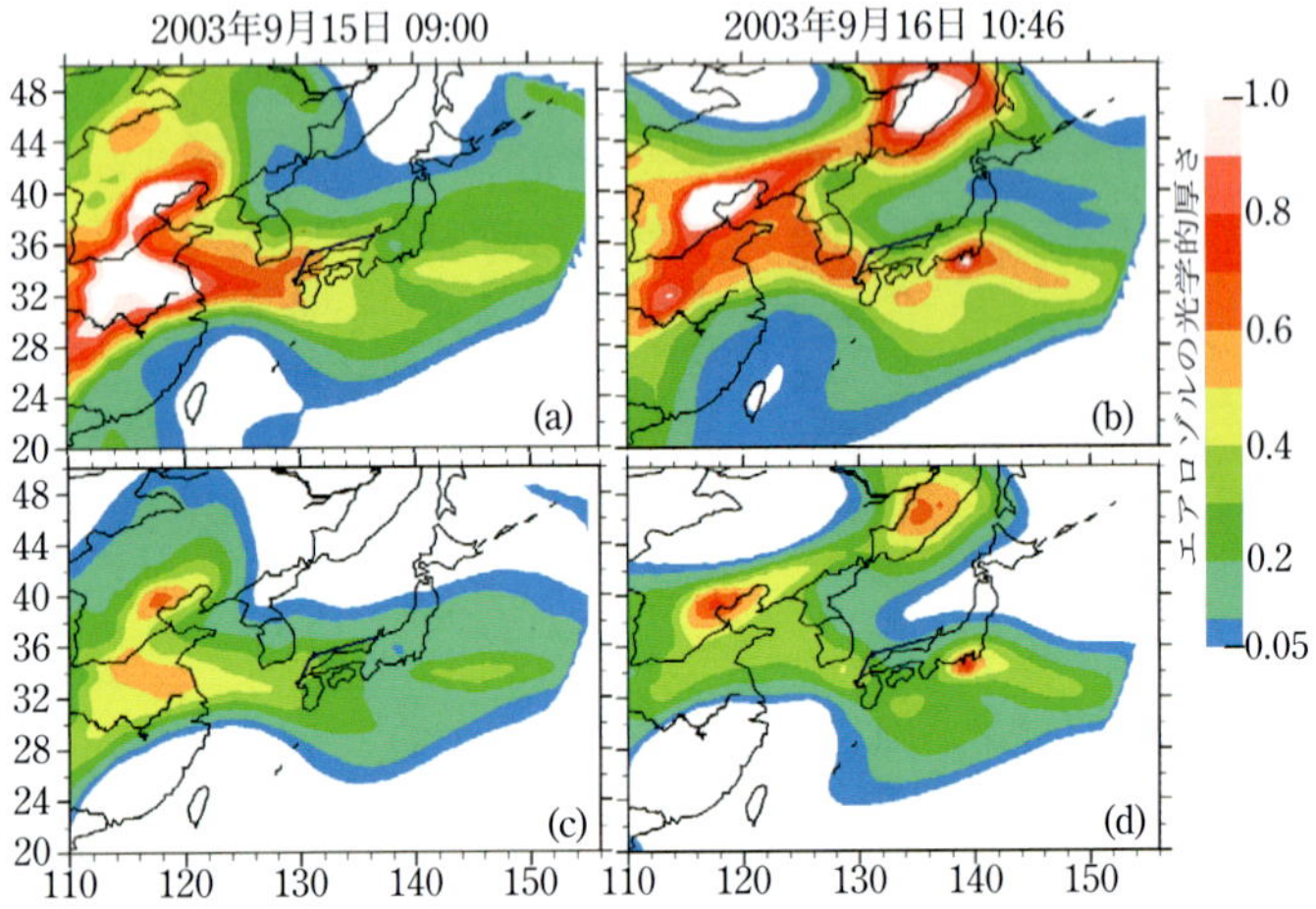

口絵 5 ●化学物質輸送モデル CFORS によるエアロゾルのシミュレーション結果。考慮してある化学種は土壌粒子、硫酸塩粒子、含炭素粒子、及び海塩粒子の 4 種類である。(a) は 2003 年 9 月 15 日 9 時における 4 種類全部の光学的厚さ (550nm) の分布図。(b) は基本的に (a) と同じであるが、衛星観測と同期した 2003 年 9 月 16 日 10 時 46 分のもの。(c) と (d) はそれぞれ (a) と (b) と基本的に同じであるが、硫酸塩のみについての結果である。全パネル中に、訓練航海期間中のしらせの航路 (金沢- 佐世保) が示されている。パネル (b) を見ると、口絵 4 の衛星解析結果と、エアロゾルの分布がよく合っていることがわかる。また、西日本付近に広がる硫酸塩は、約 1 日前に上海や南京付近から輸送されてきたことが示唆される。なお、関東南部にある高濃度領域は、三宅島の噴火による硫酸塩によるものである

はじめに

大学での研究というと、何か、浮世離れしたことをしているかのように受け取られがちだ。意外とそうでもなくて、実はとても身近な事柄を対象にしているのだけれど、得てして誤解される。

それにしても程度の差はあって、たとえば「医学部で解剖学をしています」と言うと、「解剖？　解剖って死んだ人の体を切り開きいろいろ調べることでしょ？　病気を治す研究だろうから、何かの役には立つのだろうけど、まーず、くわばら、くわばら」――なんて、敬遠されることはあっても、人の体を対象にしているのだろう、ことくらいはわかってもらえる。ところが、「エアロゾルを研究しています」と言って、わかってくれる人はどれだけいるか。同じ大学で研究をしている学者でさえ、イメージできない人が少なくない。

だいたい、言葉自体が聞き慣れない。「エアロゾル」の「エアロ」(aero は「空気の」の意味)の部分だけでいえば、乗用車を飾り立てる「エアロパーツ」なんて言葉があるように、結構たくさんの人が知っていたりする。でも「ゾル」のほうは、高校で化学をきちんと勉強した人でないと、何のことやら思い浮かばないかも知れない。まずいことに、「怪傑ゾロ」なんていう映画やアニメがあって（もともとは、二〇世紀初めのヒーロー小説らしいが）、どうも、その「ゾロ」のほうに引っ張られてしまうのか、「エアロゾロ」と聞き間違える人もいる。

「ゾル（sol）」というのは、何か特定のモノを指すのではなく、小さな粒子が、〈何か〉の中に漂った状態のことだ。〈　〉の中が水の場合、水の中に（hydro-）粒子が漂うという意味で専門家は「ハイドロゾル（hydrosol）」と呼ぶが、高校までの化学では単に「ゾル」とだけ習った人も多いだろう。牛乳はタンパク質の粒子が水中に漂ったゾルの代表だ。ハイドロゾルには水が凍ったのと同じように、粒子が動かなくなった状態があり、それを「ゲル（gel）」と呼ぶ。豆を細かくすりつぶしてできた豆乳はハイドロゾル、豆腐になるとハイドロゲルだ。こんな風に、「ゾル」の状態の例は、身近にたくさんある。そして、〈　〉の中を「空気」としたのがエアロゾル、すなわち、小さな粒子が〈空気〉中に漂った状態のことだ。

実は、エアロゾルは、私たちの身の回りにたくさんある。いや、私たちの身体は、エアロゾルに囲まれているといってよいかもしれない。たとえば、タバコの煙は代表的なものだし、春になると鼻をむずむずさせる花粉もそう。黄砂なんてたぶん大昔から東アジアの住人の上に降っていたのだろうけれど、現代になると、車の出すばいじんが私たちを悩ましている。これらは全部、エアロゾルだ。じゃあ、

「エアロゾル」なんて難しい言葉を使わずに、タバコの煙やら花粉やら、と言えばいいじゃないか、となじられるかもしれないが、これがそうもいかない。一言で「大気中の微粒子」といっても、これがあまりにさまざまで、「××みたいなもの」と、あっさり片付けられないのが、「エアロゾル」なのだ。

とはいえ、大昔から私たちの生活に影響を与え、今や、地球環境への影響や環境保全といった観点から非常に重要な問題となってきた「エアロゾル」について、多くの人に知っていただくのは大事なことだ。医学者が、病気の予防のために一般に向けて書いた本はたくさんあるのに、エアロゾルの研究者が一般向けに書いた本がほとんどないのは、いささか問題があるのではないか。そんな思いで書くことになったのがこの本だ。事の性質上、どうしても化学や物理に関する記述は避けられず、特に図版は専門的にならざるをえなかった。しかし、本文に関して言えば、高校の物理や化学の教科書よりは簡単にしたつもりだし、あまり難解ならば、図版はちらっと眺めて、「ふーん、そんなもんか」くらいに理解していただいたらよい。簡単な注も加えたから、それらを参考にしていただければ、専門家でない限り必要な理解はしていただけると思う。

身近で、かつ影響も大きいのだけれど、よくわかっていない。それだけに学問として奥深い「エアロゾル研究」の世界を、少しでも多くの人に覗いていただければ幸いである。

監修　笠原三紀夫、東野　達

大気と微粒子の話——エアロゾルと地球環境◉

目次

コラム

大気と微粒子の話——エアロゾルと地球環境

第1章 エアロゾルってそもそも何だろう?

1 エアロゾルの中で生きている私たち

「エアロゾル」という言葉にはなじみがなくても、「霧」とか「もや」、「スモッグ」といった言葉を知らない人はいないだろう。新聞やテレビのニュースには、「ディーゼル黒煙」なんていう言葉もよく出てくる。それから、身だしなみに気をつかう人なら、「ミスト」なんて名の付いた化粧品が多いのもご存じだろう。

これらは、どれも空気中に浮かんでいるきわめて微小な粒子だ。その実体は、霧のように液体の場

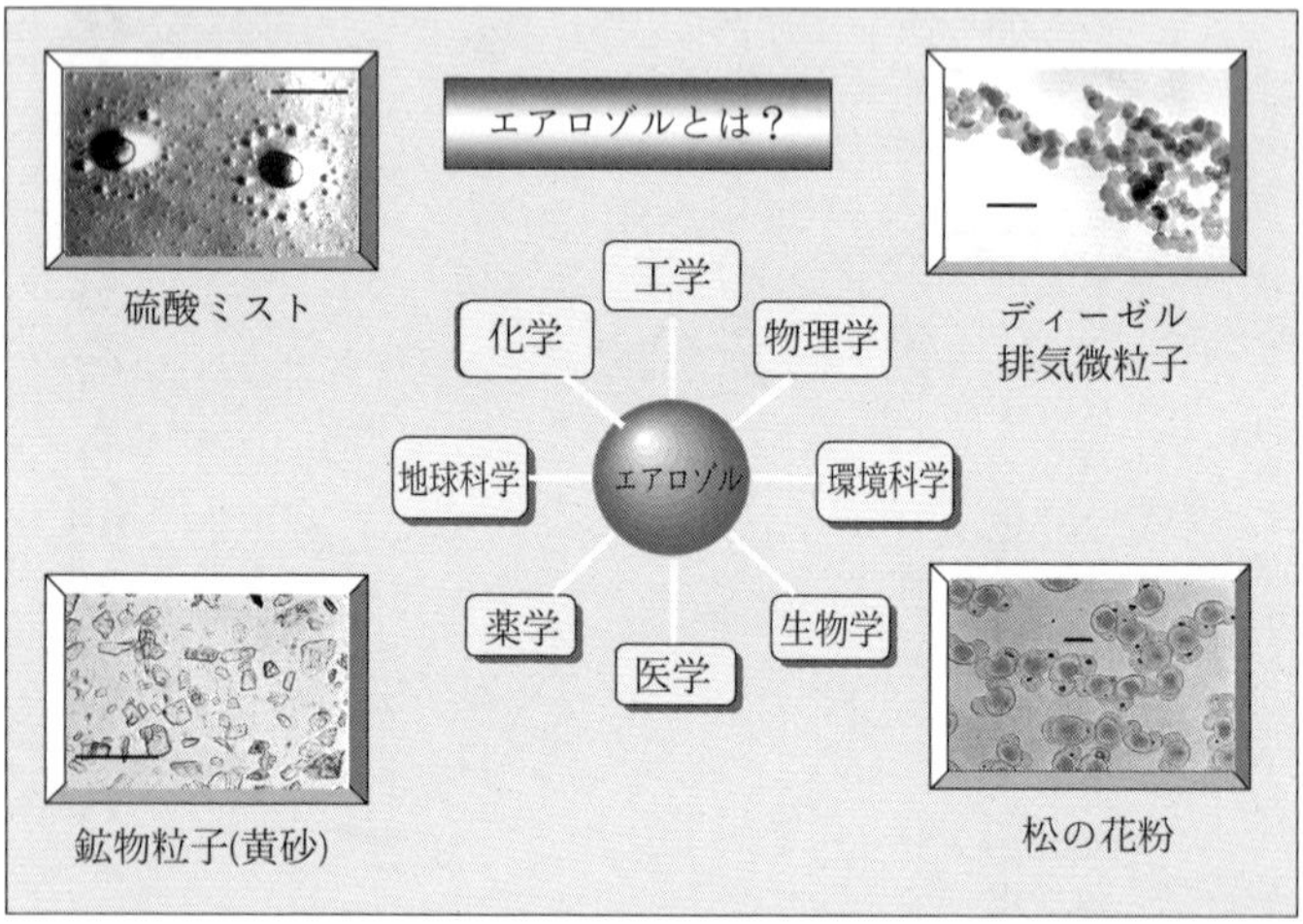

図1-1●私たちの身近にある、大気エアロゾル

合もあれば、ディーゼル黒煙のように固体の場合もある。大きさもさまざまだ。さまざまなのだけれども、とにかくこうしたものをひっくるめて、「エアロゾル」と呼んでいる。

私たちの身の周りには、図1－1に示したように、エアロゾルの具体例がたくさんある。ディーゼル自動車の黒煙や黄砂、花粉といった粒子はイメージしやすいだろう。中には、硫酸ミストといった聞き慣れないものもあるが、酸性雨など深刻な地球環境問題に関わる重要なものだ。要するに、私たちは、エアロゾルの中で生きているといっても過言でない。

こうした微粒子がどうして大気中を漂うようになるのか？　その発生の源もまたさまざまだ。図1－2は、エアロゾル粒子が大気中でどのように挙動しているか、また環境にどんな影響を及ぼすか、簡単にまとめたものだが、エアロゾルは、工場や自動車など人間の活動がもとになってできた（人為起源）ものと、樹木や土壌、海水など自然界から放出される（自然起源）ものとに大別される。そして、発生源はどうであれ、大気中に排出された微粒子は、風によって運ばれ、またその間に物理・化学的に反応して性状を変えながら浮遊していって、その果てには、地面や水面、あるいは建物の表面や植物に沈着して、大気中から除去される。エアロゾルが大気中から除去される過程は、大気中から物質などの表面に直接移動し、表面上に吸着し除去される過程（乾性沈着）と、雲、霧や雨、雪などの降水に取り込まれ、地上に落下し除去される過程（湿性沈着）とがある。

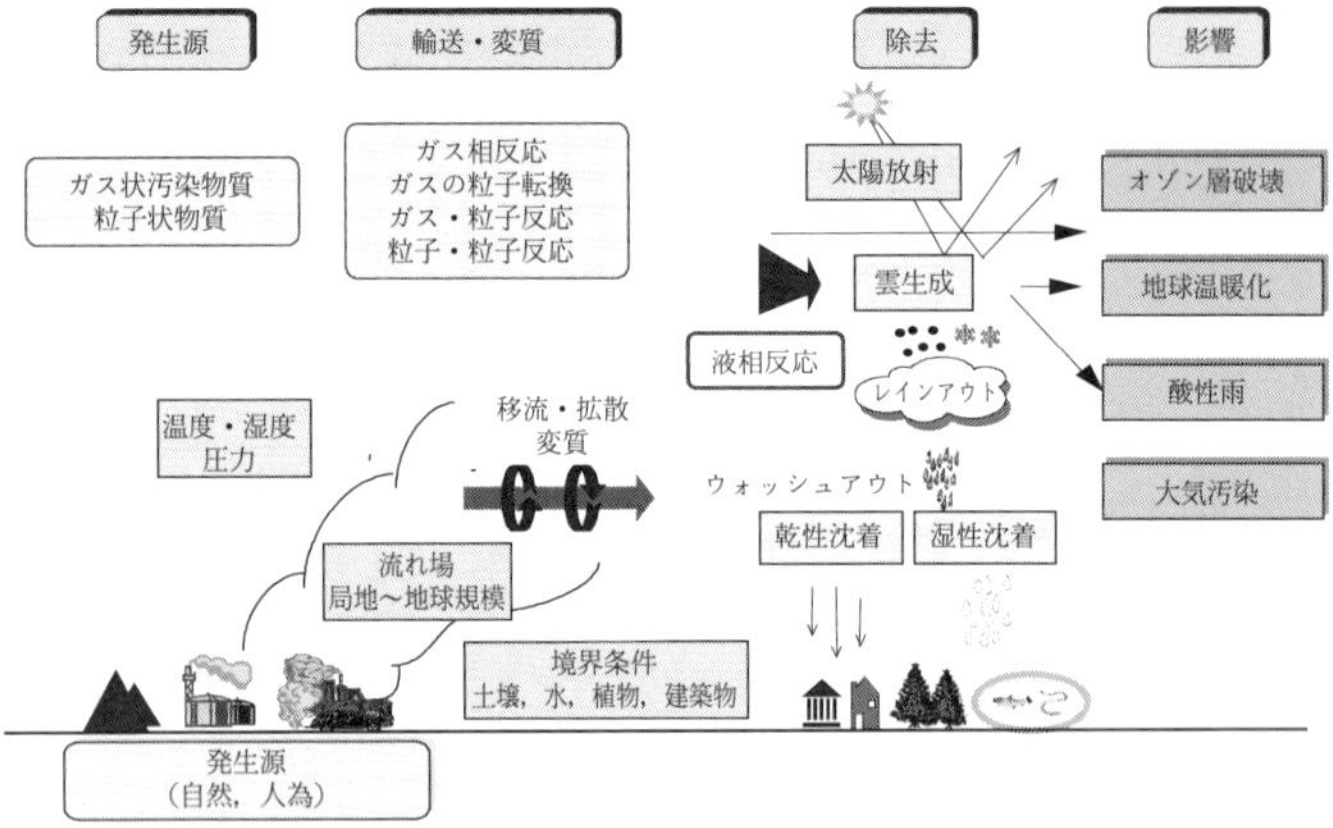

図1-2●エアロゾルは大気の中でどう動いているか？

こう書くと、どれも常識の範囲でイメージできるし、さして難しいとは思われないかもしれない。ところがどっこい、なのである。

煙を見ていると面白いことに気づく。タバコの火のついたところから立ち上った煙は紫色をしているのに、それが上に上がって行くに連れ拡散して薄くなると同時に、色が白くなる。そういえば、人が吸って吐き出したタバコの煙も白い。さっき言ったように、タバコの煙もエアロゾルなのだが、その粒子はかなり小さく、〇・〇一マイクロメートル（一マイクロメートルとは一〇〇〇分の一ミリメートルのこと）から一マイクロメートル程度である。光が空気中の粒子によって散乱されることはご存じだろうが、実は粒子の大きさによってその散乱のしかたが違ってくる。粒子が小さい場合（光の波長の一〇分の一程度）では、波長の短い光、すなわち可視光（目で見える光）で言えば青〜紫色の光が強く散乱される（これをレイリー散乱と言う）。そこで、タバコの煙はあたかも紫であるかのように見える。ところが、タバコの煙は空気中に浮遊しているとやがて水蒸気分子と結びついて粒子が大きくなる。すると散乱の様子が変わって、波長の長い赤い光がよく散乱（ミー散乱）されるようになり、さらに光の波長よりずっと大きな粒子（五〜一〇〇マイクロメートル）になると、いろんな方向にいろんな波長の光を散乱（非選択的散乱）する。ちょうど、雲が白く見えるように、タバコの煙も白く見えるようになるのだ。人が肺に吸い込んだ煙もまた、水蒸気で大きくなるから白く見える。

何を言いたいかと言えば、要するに、粒子がいろいろなものと反応して大きさが少し変わるだけで、モノとしての振る舞い方（この場合は見え方）が違ってくるということだ。もちろん、大きさだけではない。液体か気体か、粒子の表面がどのような形状をしているか、といったことによって、エアロゾルはさまざまに性質を変えるのだ。エアロゾルについて調べようと言うとき、まずはこうした微粒子の性質が、やっかいな問題を投げかけるのである。

2 エアロゾルと現代社会

エアロゾルとは何か？　詳しく調べて行く前に、私たちの暮らしとエアロゾルの関係について、もう少し述べておこう。

(1) エアロゾルの昔と今

私たちがエアロゾルに囲まれているとは言っても、粒子そのものはごく小さいものだから、大気全体の中での量はわずかなものに過ぎない。しかし、人間の健康や生活環境、自然環境に及ぼす影響は、昔からたいへん大きかった。『宮廷女官チャングムの誓い』というタイトルで日本でも放映され人気を呼んだ韓国版大河ドラマ『大長今』は、一六世紀初頭の朝鮮王朝時代に活躍した実在の女医をモデルにしたドラマとのことであるが、その中で、まだ幼い主人公が黄砂による水の汚染を解決して、女官見習いとして注目されるという印象的なエピソードがあった。五〇〇年も前から、東アジアの人々は、黄砂の被害に悩まされていたらしい。

黄砂と並ぶ自然起源のエアロゾルの代表的なものに、火山の噴火による火山灰があるが、同時に排出される二酸化硫黄（SO_2）などの各種気体成分と共に、人々の暮らしに大きな影響を与えてきた。たとえば、一八世紀アメリカの科学者ベンジャミン・フランクリン（一〇〇ドル紙幣の顔になっている。雷が電気であることを証明したエピソードは有名）は、一七八三年にヨーロッパや北米でみられた低温気候の原因は、同じ年に大噴火したアイスランドのヘクラ火山の噴火煙ではないか、と言っている。実はこの年には、日本でも浅間山の大噴火があり、これらが気候に影響を与えた可能性はある。ちなみに、日本史の授業で習う天明の大飢饉はこの翌年だ。もっとも、大気温度の変動というのは非常に難しい事柄で、こうした低温や飢饉と火山噴火の関係を直接確認することは簡単でない。それでも、一九八二年のエルチョチョン火山（メキシコ）や一九九一年のピナツボ火山（フィリピン）の大噴火の際には、火山エアロゾルに関する詳細な観測が行われ、気候への影響が確認されている。

粒子１個の極微量成分をはかる

大気エアロゾルに含まれる化学成分はさまざまだが、その量はたとえば粒子１個の重金属などでは10^{-15}グラム（フェムトグラム、1000兆分の１グラム）以下となる場合も多い。そこで普通は、フィルタなどの上に長時間捕集した大量の粒子を化学分析する方法（バルク分析）が一般的だ。しかし本文でも述べたように、大気中の微粒子成分は時々刻々と変化していること、発生起源によっては同一粒径の粒子でも化学組成が異なることから、バルク分析法では個々の粒子がもっている変化や発生源に関する貴重な情報が平均化されて、消失してしまう欠点がある。粒子１個に含まれる化学成分の種類と量を分析できる個別粒子分析が必要になるわけだ。

そこで、放射光と呼ばれる超強力な光の出番となる。放射光を粒子１個の大きさ程度に絞ったビームにして試料に照射すると、粒子に含有される元素からＸ線が放出される。このＸ線は元素に固有な波長をもつことから、元素の種類を同定することができる。図１は分析装置の内部であり、分析時にはチェンバと呼ばれる小部屋内を真空状態にし、２つのミラーでＸ線のビームを絞り込み試料台に置かれた粒子に照射し、試料から出る種々の波長を持ったＸ線を検出器で同時に検出する。試料台は縦横方向に移動可能で、テレビのように規則的に走査することで図２のように試料台にある多数の粒子１個ずつの元素分析が行えることから、走査型Ｘ線顕微鏡と呼んでいる。

春、中国大陸から飛来する黄砂は、大気中を移動する過程で、酸性ガスや重金属などの大気汚染物質と接触・反応し成分が変化する。それらがどこから来て、どこで汚染物質と出会ったのか？　こうした装置を用いて分析すれば、地点ごとのサンプルを比較することで、解明できるのである。

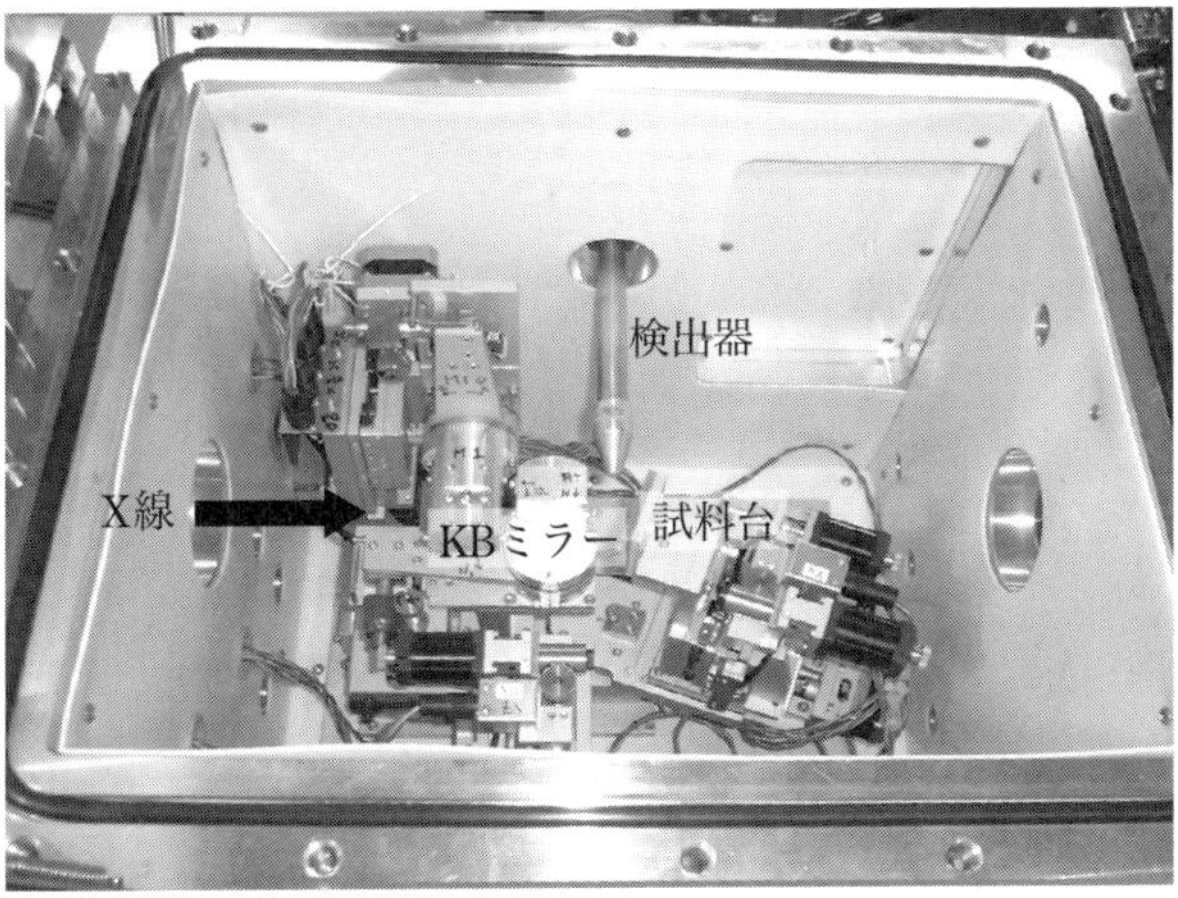

図1●SPring-8のビームラインBL37XUに設置された走査型X線顕微鏡の内部

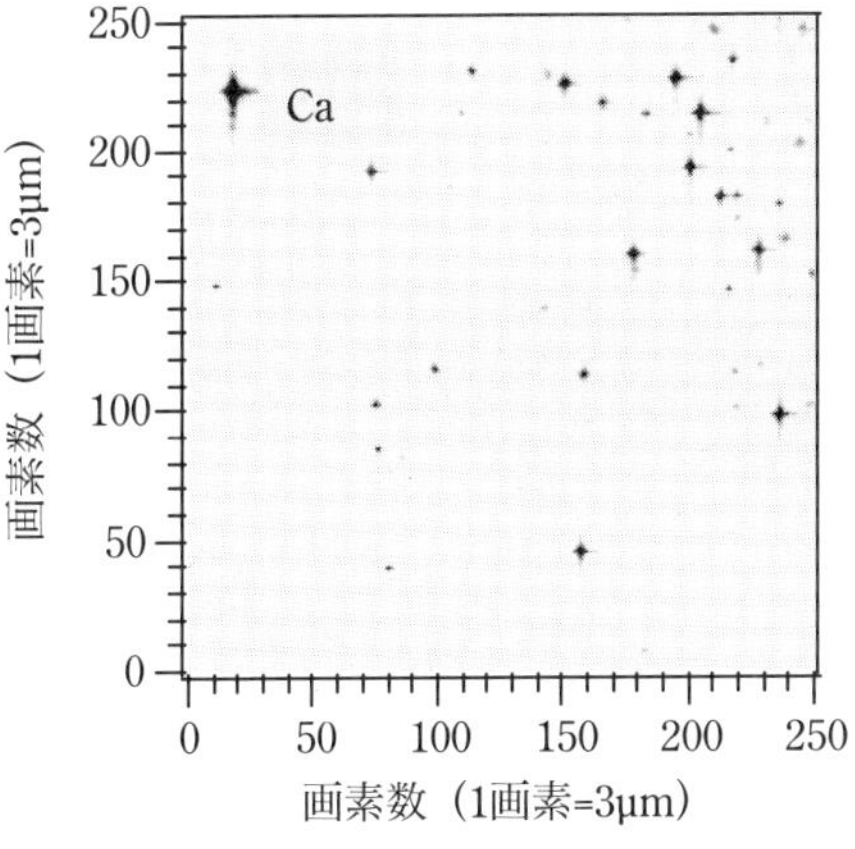

図2●黄砂時に捕集された粒子に含まれるCaの２次元走査画像。黒点の位置にCaが存在

時代が下って、産業革命を経て近代にはいると、エアロゾルによる地域汚染が大きな問題となってくる。二〇世紀においては、重金属粒子やディーゼル黒煙粒子、タバコの煙、放射性粒子、ダイオキシン、アスベスト粒子など、主として健康被害の観点から、エアロゾルが取り上げられてきた。そして二〇世紀末、酸性雨や地球温暖化などの地球環境問題がクローズアップされるようになると、地球温暖化や酸性雨、成層圏オゾン層破壊など、地球環境に及ぼすエアロゾルの影響にも注目が集まるようになってきたのである。

(2) エアロゾル研究の難しさ

こうしてエアロゾルが注目されるようになったわけだが、先に書いたとおり、エアロゾルは、粒子の大きさ(「粒径」という)や化学組成、濃度、反応性など、性状がきわめて多様で、科学的に精確にとらえることは非常に難しい。

たとえば、粒径一つをとっても、その数値の範囲は五桁近くに及び、大きさごとに性質が異なるので、研究の対象領域はきわめて広範になる。また一般に、扱う量はごく微量・ごく微小であり、さらにはちょっとした大気の変動(風や雨など)により地域的・時間的に分布が大きく変動する。だから、大気中におけるエアロゾルの性状やその変化、また大気環境に及ぼす影響に関しては、わかっていないことも数多くある。

特に、地球温暖化や酸性雨などといった地球規模での環境問題との関連を調べるには、水平方向だけでなく、地上から上空への垂直方向におけるエアロゾルの状態、すなわち三次元的な情報が不可欠なのだが、測定の困難さから三次元的情報、特に垂直方向の情報は依然として十分でない。したがって、本書第4章で紹介するように、人工衛星やレーザー光を用いた地上からの「ライダー計測」等の観測技術・解析技術を進歩させることは、エアロゾル研究にとって非常に重要なことである。

(3) エアロゾル利用の可能性

もちろん、エアロゾルは、私たちの暮らしにマイナスの影響ばかりをもたらすものではない。たとえば、コピー機のトナーや最近ではインクジェットプリンター、あるいは、より効果の高い化粧品や薬剤(医薬品や農薬)など、私たちの生活に役立つ有用粒子としてエアロゾルを活用することにも、大きな関心が持たれてきた。特に最近では、ナノメートル(一〇〇万分の一ミリ)レベルの超微小粒子、すなわちナノ粒子がもつ高機能性を生かした新素材の開発に関わって、超微小粒子の製造法や利用法にも強い関心が寄せられている。この点については、第6章で詳しく紹介する。

3 エアロゾルにはどんな種類があるのか

(1) 大きさによる分類と発生・生成

粒子の大きさ(粒径)をマイクロメートル(一メートルの一〇〇万分の一、一ミリメートルの一〇〇〇分の一)の単位で表すと、大気中の微粒子としてエアロゾル研究の対象となる粒径範囲は、およそ〇・〇〇一~一〇〇マイクロメートルにわたるが、それらはおおざっぱに三つの粒子群、すなわち粒径がおよそ〇・〇五マイクロメートル以下の小粒子群と、およそ〇・〇五~二マイクロメートルの中間粒子群、そして、およそ二マイクロメートル以上の大粒子群に分けることができる。そして、それぞれが、エアロゾルの発生・生成過程や除去過程と密接に関係している(図1-3)。

粒子の濃度を、個数を基準に表したものが「個数濃度」であるが、この個数濃度の物差しで見た場合、エアロゾルの大部分を占めるのは小粒子群である。このグループの粒子は、一つは燃焼ガスのような高温ガスが冷却され凝縮すること(固体や液体の粒子になること)によって、また大気中では二酸化硫黄や二酸化窒素などのガス状の物質が、ガス相反応(ガスの形で存在している物質が、光や宇宙線によっ

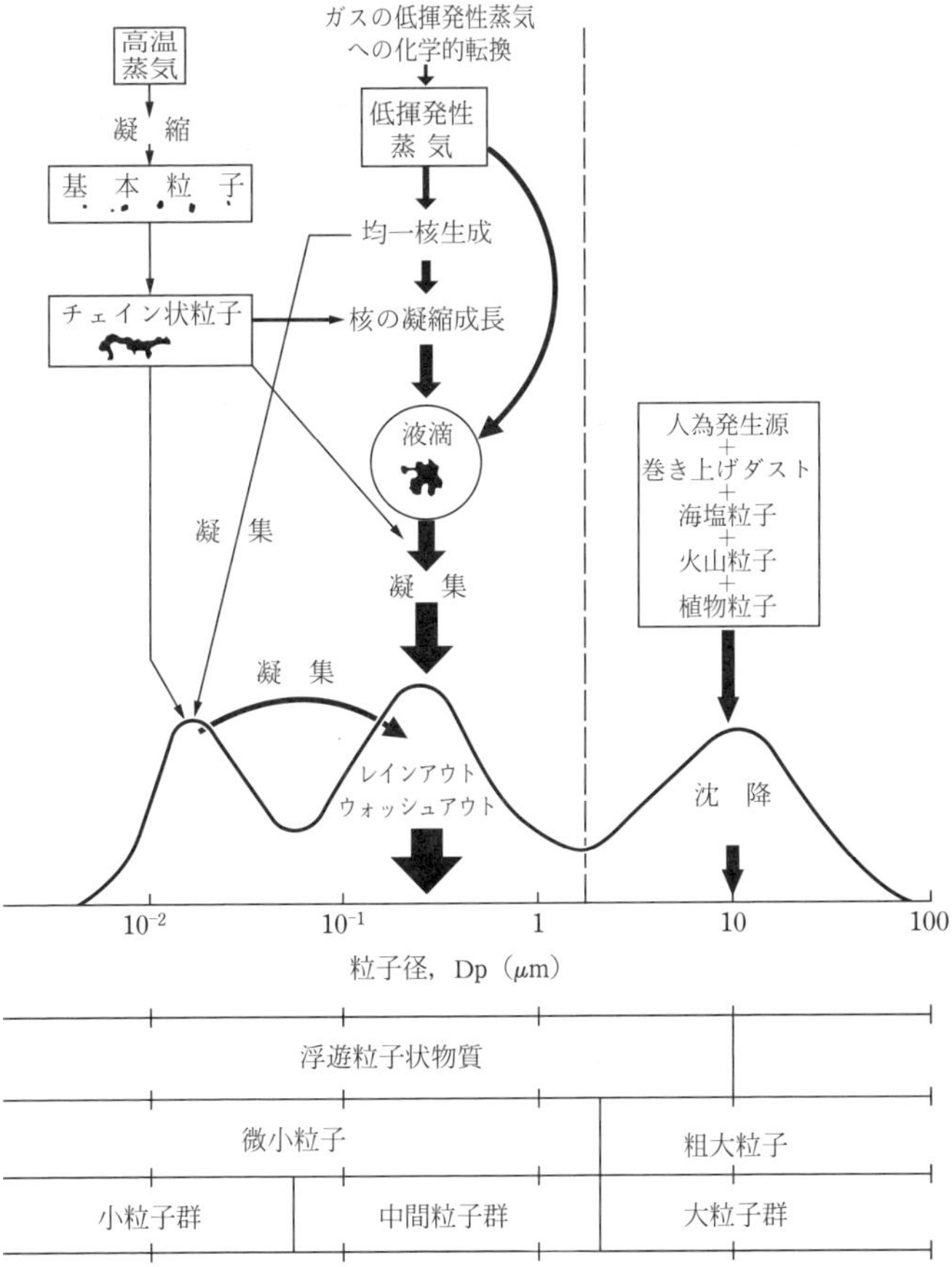

図1 - 3●大気エアロゾル粒子の主な発生過程と除去のメカニズムを粒径別にみる

て化学反応を起こして姿を変えること。気相反応ともいう）によって揮発しにくい物質になって凝縮してできる。

また、中間粒子群は、小粒子群がさらにほかのガス分子を吸収・吸着（凝縮）したり小粒子どうしがぶつかって合体（凝集）したりすることによって成長してできる。

一方、大粒子群はというと、黄砂のような土壌粒子（土や岩が風雨や太陽の光、熱等の力を受けて細かくバラバラになって、風により巻き上げられる粒子）や、海塩粒子（海面で波が崩れるときに、たくさんの気泡ができ、その気泡が破裂するときに小さな水滴が空気中に放出され、液滴のまま、あるいは乾燥して固体粒子となって大気中を漂う粒子）のように、主として機械的（物理的）な力を受けて細かく分散して発生した、自然起源の粒子を中心とした粒子群である。

私たち研究者は、普通、「小粒子群＋中間粒子群」を微小粒子、大粒子群を粗大粒子と呼んでいるが、微小粒子が粗大粒子になったり、粗大粒子が微小粒子になったりすること（移行という）は少ない。したがって、大気エアロゾルの質量（体積）を基準とした粒径分布を見ると、後述するように微小粒子、粗大粒子領域にそれぞれピークをもつ二山型分布となり、両者の化学的性状は発生過程や除去過程に応じて大きく異なるのである（図1－4）。

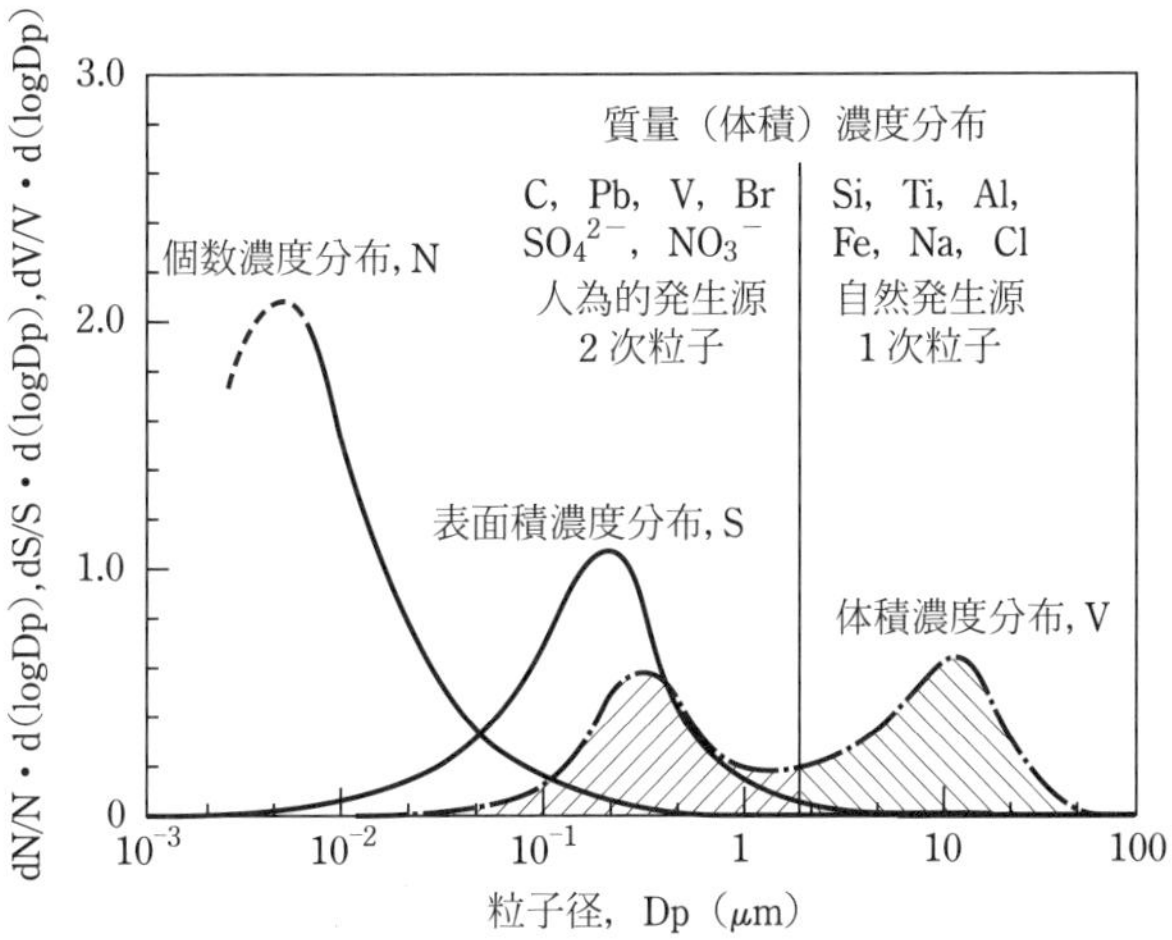

図1-4●体積濃度で示した大気エアロゾル粒子の典型的な粒度分布

(2) 一次粒子と二次粒子

前節でも少し書いたが、エアロゾルの生成過程は、冷却や化学反応などによりガス分子が相互に結合したり（自己凝縮）または既存の粒子に吸収・吸着（凝縮）して粒子となる「凝縮過程」と、より大きな固体や液体が、破砕や噴霧といった機械的な力を受けて細かくなって生成する「機械的過程」に大別できる。だいたいにおいて、ばいじんやディーゼル黒煙のような人為起源のエアロゾルは燃焼などに伴う凝縮過程を経て発生し、自然起源のエアロゾルは機械的過程を経て発生すると言える。

そして、凝縮過程により粒子が生成する場合、エアロゾルは、ススのように発生源において高温のガスが凝縮しもともと粒子として放出される「一次粒子」と、いったんはガスとして大気中に放出されたものが、大気中で粒子に転換してできる「二次粒子」とに分けることができる。

このように、エアロゾルの発生源は多岐にわたるが、その特徴をガス状の物質（たとえば二酸化炭素とかいったもの）と比べた場合、

①ガス状物質の場合には、通常無視できる自然発生源の割合が、都市部でも二〇〜四〇パーセントと大きい、

②二次粒子の割合が大きく、地球規模でみると四〇〜五〇パーセントに及ぶと推定される、
③多種多様な化学成分を含み複雑であるが、逆に言えばそれらは発生源に関する多量の情報を有している、

などの特徴をもっている。

少々はしょって書いてしまったが、要するに、エアロゾルを詳しく調べると、その発生源や、発生の背景にある原因を探ることができるということだ。特に、大気中での代表的な二次粒子には、二酸化硫黄から生成される硫酸塩、窒素酸化物からの硝酸塩、有機化合物ガスからの有機粒子などがあり、これらは、大気汚染や地球温暖化、酸性雨といった問題に大きな影響を与えている。

そこで次章では、この二次粒子の生成と成長について詳しく述べることにより、エアロゾルが私たちの暮らし、特に地球環境の変動にどのような影響を与えているのか、考えてみたい。

第2章 エアロゾルはどのように生まれ消えるのか

1 二次粒子と環境問題

第一章でタバコの煙の例を書いたが、タバコの煙の場合、最初に紫色に見える粒子そのものは、タバコの葉やそれを巻いた紙が燃えてまさにその場で粒子ができているのである。ゴミを燃やしたりする場合に発生する、いわゆる「煙」を形作るエアロゾルの多くは、このようにして発生する。このような発生源において初めから粒子として形作られたものを一次粒子と呼ぶが、大気中のエアロゾルのうち、一次粒子が占める割合はそれほど大きくはなく、五〇～六〇パーセント程度に過ぎない。

では、残りのエアロゾルはどうしてできるのかというと、ガス、すなわち気体の状態で空気中を漂うガス状汚染物質が、さまざまな要因で凝縮して粒子化していくのである。この場合のガスには、たとえば石炭や石油を燃やしたときに大量に排出される二酸化硫黄（いわゆる亜硫酸ガス）や、自動車のエンジンのように、ガソリンや天然ガスを高温、高圧で燃焼させるときなどに出る窒素酸化物、溶剤や洗浄剤、ある種の燃料として使われるトルエンやベンゼン、フロン類などが揮発して大気中に放出される有機化合物ガスなどがある。そうしたガスがもとになってできるのが硫酸塩、硝酸塩、有機粒子と呼ばれる二次粒子としてのエアロゾルだが、さて、これらの名前を聞くと、どうも落ち着かない気分になってくる。そう、酸性雨や温暖化など、いわゆる地球環境問題が語られるとき、必ずセットになって名前が出てくるのが、これらの物質だ。つまりエアロゾルの半分近くを占めるこの二次粒子が、地球環境に大きな影響を与えているわけである。

だから、環境問題の解決を図るうえで、こうした二次粒子エアロゾルについて調べることは非常に大事なのだが、実は、それらがどのようにできるかというメカニズムは未だよくわかっていないことが多い。つまり、二次粒子生成・成長について研究することはこの分野の大きなテーマなのである。

2 二次粒子生成の化学——どこまでわかっているか

はじめから断っておくが、二次粒子が大気中でどのようにでき、大気中を浮遊し、消えていくか、詳しいことはほとんどわかっていない。もちろん、たとえば亜硫酸ガスがどのような化学反応をすると硫酸粒子になるのか、といったことは、もうずっと前からわかっているし、高校の化学でだって学ぶことができる。問題は、大気中という、人の手が届かない、しかも、風や雨、光、温度、大気中に存在するさまざまな化学物質の組成や濃度といったいろいろな条件が時々刻々変化する空間の中で、実際、どうなっているのか、なかなか調べるすべがない、ということなのだ。

そこで、実験室で、いろいろな条件を変えて化学反応を起こさせた室内実験結果と、地上や飛行機その他の手段で採取・分析した観測結果をつき合わせて、「たぶんこうなっているのだろう」という理論モデルを作り、数値シミュレーションを行って、室内実験結果や観測結果の再現や解析、また実験できない条件下での推測などを行うことになる。

えーい歯がゆい、と思われるだろうが、科学（特に自然科学）というのはそもそもそうした研究スタイルをとるものなのだ。ここでは、とにかく、そこでわかっている（あるいはわかっている途中の）ことについて、紹介しよう。化学の素養がないときちんと理解するのは難しいが、エアロゾル研究というのは、その基礎的な部分（化学）でさえもなかなかたいへんだ、ということをつかんでもらえたらよいと思う。

(1)「夜の化学反応」と硝酸エアロゾル

■「夜の化学反応」

大気中に最も多い元素は窒素だ、ということは、多くの人が知っているだろう。窒素は、生物の体を構成するタンパク質や核酸にも含まれ、地球上の全ての生物にとって必須となっており、窒素をめぐってさまざまな生物の営みが繰り広げられる結果、多くの窒素化合物が、大気中に放出される。その代表的なものが、アンモニア（NH_3）だ。アンモニアは大気中ではただ一つの塩基性（酸と結びつきやすい）ガスで、そのため、さまざまな酸性物質と反応して粒子化する。

もちろん、アンモニア以外にも大気中に数多くの窒素化合物が存在する。よく知られているのは、自動車のエンジンなど高温で燃焼が起こる際、空気中の窒素分子（N_2）と酸素分子（O_2）が反応してできる一酸化窒素（NO）や二酸化窒素（NO_2）（両者をまとめてNO_x＝ノックスまたは窒素酸化物と呼ぶのを聞いたことのある人も多いだろう）で、これらが大気中の主要な窒素酸化物である。他にはNO_3・N_2O_5や、さらに水素も含む化合物にHNO_2・HNO_3（いわゆる硝酸）・HNO_4など、これらが大気中の有機物と反応してできる$RONO_2$やRO_2NO_2（Rは$-CH_3$や$-C_2H_5$などの「炭化水素基」のこと）、光化学スモッグの成分として有名なPANs（パーオキシアセチルナイトレートおよびそれに類似した化合物）などがあり、NO_xを含め、これら全てをまとめてNO_yと呼ぶ。これ以外にも大気中の重要な含窒素化合物として微生物活動から発生する亜酸化窒素（N_2O）があるが、これは、対流圏ではほとんど他の物質と反応しない（成層圏まで輸送されると、そこで酸素原子によってNOに酸化される）。

なんだか早口言葉のように、物質名が立てつづけに出てきて困惑した読者もあろうが、別にこんなものを覚えなくても結構。要するに、大気中にはたくさんの窒素化合物があるのだが、これらの窒素と酸素を含んだ化合物は、大気中で徐々に酸化され、主にNO_2とOHとの反応で最終的に硝酸（HNO_3）になる（図2-1）。OHはヒドロキシルラジカルと呼ばれ反応性が非常に高い。OHは汚染大気でも清浄大気でも存在しており、大気化学の重要な反応に関与する物質だ。図に示したように反応してできたものの多くが、光化学反応（太陽光からのエネルギーを受けて起こる化学反応）によってその原料物質に戻るため、太陽が出ている日中には、これらの窒素化合物の濃度はほぼ一定になる。

しかし、夜、陽が沈むとこの状態は崩れ、日中は光化学反応のために分解されて高濃度にならなかったNO_3や、これとNO_2が反応して生成するN_2O_5が大気中で蓄積されていく。そして、これらと水

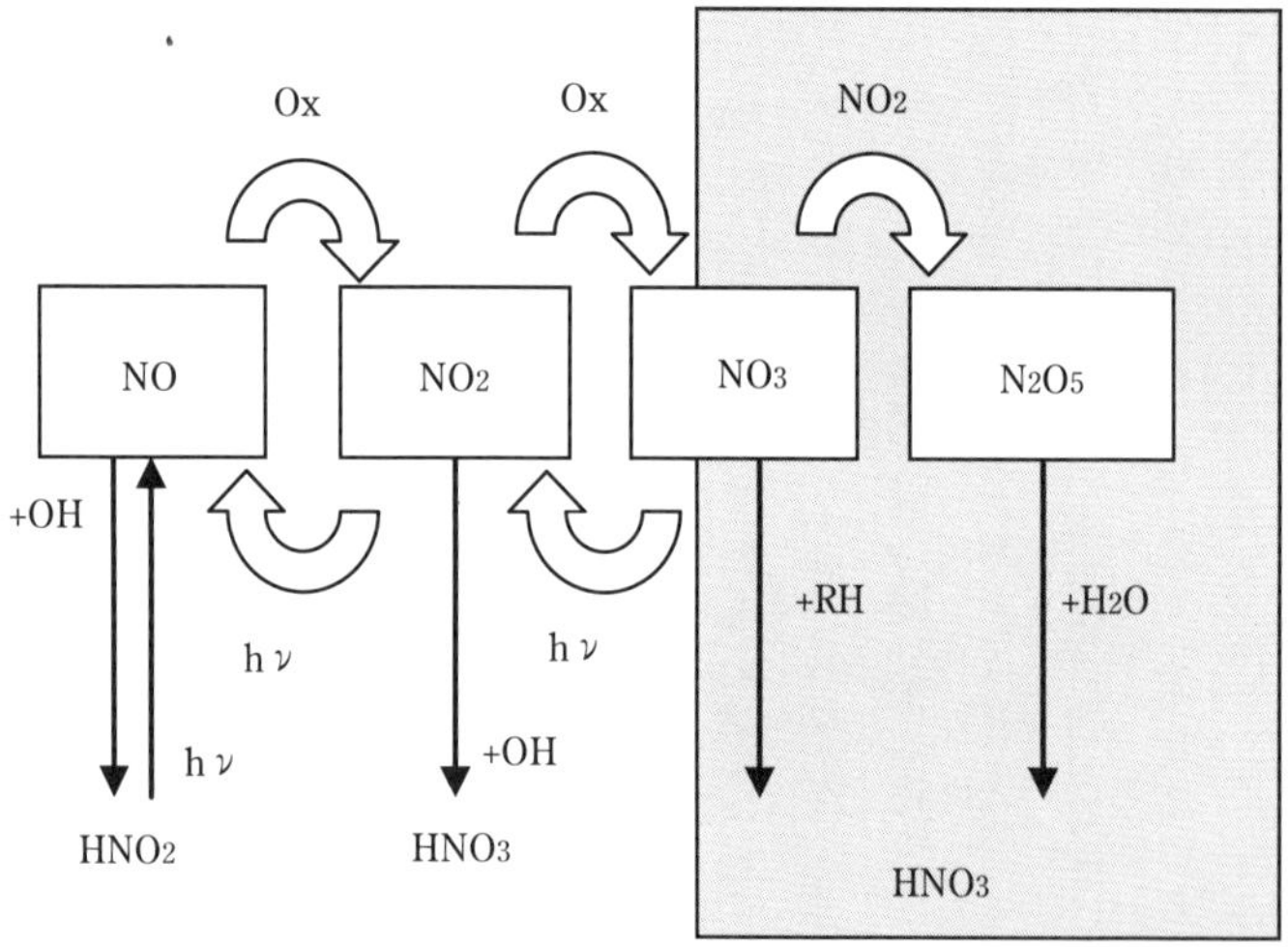

図2 - 1●大気中の窒素酸化物の反応プロセス。図中の Ox は酸化剤（O_3, HO_2, RO_2 など）、hν は 光エネルギー、RH は有機物を表す。影の部分が「夜の化学反応」である

が反応してできる硝酸（HNO_3）がもととなって発生するエアロゾルが地球環境との関係で重要になる。そこで、図2－1の中で影のつけてある部分は、硝酸の重要な生成プロセスという意味で、「夜の化学反応（Nighttime chemistry）」と特別な呼びかたがされている。

■硝酸ガスの粒子化

このようなプロセスで生成した硝酸は大気中にガスとして数ｐｐｂ（ｐｐｂは一〇億分の一）存在しているが、硝酸ガスは常温ではそれのみで粒子化することはない（きわめて低温になる冬の極域上空では粒子になり成層圏オゾン層破壊を引き起こすが、この問題についてはここでは触れない）が、アンモニアガス（NH_3）やその他の既存の粒子と反応する。硝酸ガスは酸性なので、塩基性のアンモニアガスと反応し、硝酸アンモニウム（NH_4NO_3）という形の粒子になる。しかしこの物質は、気温が上昇すると原料物質であるアンモニアと硝酸に解離してしまうため、大気中のエアロゾルとしての濃度は、気温によって大きく変動する。また、硝酸アンモニウムの生成には湿度や硫酸イオン（SO_4^{2-}）など、他の化学物質の濃度も大いに影響している。

硝酸が粒子化する過程は硝酸アンモニウムになる過程ばかりではない。硝酸ガス（HNO_3）やアンモニアガスは、いずれもよく水に溶ける。そのため、ある湿度以上になり、既存のエアロゾル粒子が潮解（固体粒子が大気中の水蒸気を吸収して溶解した状態となっていること）していると、その粒子に溶け込む。ここで既存粒子の成分が硝酸やアンモニアガスと反応すると、新しい化合物（硝酸塩）が生まれる。硝酸ガス（HNO_3）の場合には、海の塩分が風などによって大気中に拡散してできる海塩粒子（主成分は$NaCl$）と反応するのが代表的な例であり、この場合塩化水素（HCl）ガスが放出され、硝酸ナトリウム（$NaNO_3$）粒子が生成する。また、NO_3やN_2O_5などのガスも水に溶けやすいため、硝酸ガス同様に湿ったエアロゾルに吸収され、そこで反応して硝酸塩となる.

（2）硫酸エアロゾルの複雑な生成過程

窒素化合物と並んで、大気中に存在する一般的な汚染物質は硫黄の化合物、なかでも硫酸（H_2SO_4）だ。硝酸と並んで、中学や高校の化学で勉強した人も多いだろう。そこで習うように、硫酸は水に溶け、水素イオン（H^+）と硫酸イオン（SO_4^{2-}）に解離する。この硫酸は単独でミストとして浮かんでいるよりも、硫酸上に水蒸気を凝縮させてできた水溶液の中で水素イオンと硫酸イオンに解離したほうがエネルギー的に有利である。このため硫酸ミストが生成すると周辺の水蒸気をどんどん吸収することになる。硫酸の入った容器の蓋を開けるとフワフワと霧のようなもの（ミスト）が上がるのが、それである。

前節で紹介したように、硝酸は大気中ではガスだけれど、硫酸はガスではなくエアロゾルとして存在する。この硫酸エアロゾルをめぐる反応は、大気中の化学のなかでも重要な反応だが、それだけに少しややこしい。

■気相反応・液相反応・不均一反応

工場特に火力発電所や火山などでは、大気汚染物質の二酸化硫黄（SO_2）が放出される、そうした硫黄化合物の発生源では、固体である三酸化硫黄（SO_3）も直接放出され、水と直接反応して硫酸をつくりミストを形成するが、普通は二酸化硫黄が酸化することによって硫酸が生まれる。この酸化は二酸化硫黄がガス状であっても、雲などの水に溶けていても、既存のエアロゾル表面に吸着していても進行する。専門的には、それぞれ気相、液相、不均一表面の反応と呼んでいる。気相反応では反応性の高いヒドロキシルラジカル（OHラジカル）が二酸化硫黄を酸化する．

それに比べて、液相反応はやや複雑だ。

窒素酸化物に比べ二酸化硫黄ガスは一〇〇倍以上も水に溶けるので、溶解した二酸化硫黄（$SO_2 \cdot H_2O$）の一部は亜硫酸水素イオン（HSO_3^-）や亜硫酸イオン（SO_3^{2-}）に解離する。この水溶液に反応性の高い過酸化水素（H_2O_2）やオゾン（O_3）が大気から溶解し、HSO_3^-やSO_3^{2-}を酸化して硫酸に変換する。

これらのメカニズムと反応速度はよくわかっている。

ところで、一般に雲や雨など大気中の液滴には鉄などの金属イオンが存在する。これらのイオンが触媒として作用し、溶存酸素が HSO_3^- や SO_3^{2-} を酸化する過程もある。ただ、これらの酸化反応は共存する他の金属イオンの影響を受けるので、速度を実験的に知るのが難しい。さらに鉄イオンは太陽の紫外線を吸収し液相で OH ラジカルを放出する。このような光触媒反応は、光がない触媒反応よりも桁違いに速い。実際の大気中ではこれらの反応が同時に進行するので、実験室での予測よりも速い速度で硫酸が生成する。

既存のエアロゾル粒子の表面に二酸化硫黄が吸着したときも、その表面で硫酸に変換される。すす粒子などへ二酸化硫黄が吸着すると、二酸化硫黄は表面とゆるい結合をするので、大気中にガスとして存在するときに比べ、酸化されやすくなる。この状態で吸着している酸素により酸化されて硫酸が生成する。こうした反応が不均一反応である。また、粒子が吸湿性のエアロゾルであれば、表面に水膜を形成しているので、表面の濃厚な水溶液中の液相反応を考える必要もある。さらに、これらの表面に紫外線が当たった場合には、光化学反応も考えられる。このように、不均一反応は実に複雑で、いろいろな影響があると考えられ、実験は容易ではない。しかしながら、黄砂表面での二酸化硫黄の反応などは、アジア地域の大気環境問題を考えるうえでは、きわめて重要な問題であると考えられていて、不均一系の研究は、これからの重要なテーマになっている。

■硫酸エアロゾルと硫酸塩エアロゾル

このように、大気中で生成した硫酸は硫酸エアロゾルを形成するが、硫酸エアロゾルは大気中に存在する塩基性のガスであるアンモニア（NH_3）を吸収し、酸―塩基の中和反応を起こす。このとき硫酸の一部は中和され硫酸アンモニウム（$(NH_4)_2SO_4$）になる。つまり、硫酸アンモニウムは硫酸とアンモニアの中和で生成した塩である。このようなエアロゾルが水に溶けると硫酸も硫酸アンモニウムも解離して硫酸イオン（SO_4^{2-}）を放出する。硫酸イオンは硫酸や硫酸アンモニウムを形成する陰イオンであり、酸、塩基、塩のいずれでもない。

以上のように、一言で硫酸エアロゾルといっても、問題にしているのは酸である硫酸か、塩である硫酸アンモニウムか、はたまた硫酸イオンのことなのか、を明確にしなくてはならない。大気汚染に関わる重要な物質だけに、単純な扱いはできないのだ。

（3）難しい有機エアロゾルの把握

第1章の3節（2）でちょっと触れた「スス」のように、大気中にはかなりの量の炭素からなる微粒子が存在し、特に、都市部ではその比率は高い。炭素成分は、その組成によってスス等の「元素状炭素成分」と「有機成分」とに大別されるが、このうち有機成分に富む粒子を特に有機エアロゾルと呼んでいる。こうした粒子は、直径が○・一マイクロメートル程度のごく小さな微粒子として存在することが多い。この微粒子は、森林や都市域で見られる青い霧（blue haze）の原因と考えられている。

有機エアロゾルも、生成過程によって、やはり一次粒子と二次粒子に大別される。都市周辺での有機エアロゾルの生成過程の一例を図2－2に示してみたが、一次粒子は、化石燃料の燃焼などにより粒子状態で大気中へ直接排出される粒子のことである。これは、炭素原子が数十個以上の、高温の排出ガスに含まれる有機化合物が、排出後に冷やされて凝縮したものである。

それに対して、二次粒子は、光化学スモッグ中で生成する。光化学スモッグは、トルエンやキシレン、酢酸エチルといった揮発性の有機化合物が窒素酸化物と光化学的に反応し発生するが、スモッグの中では重大な大気汚染物質として知られる光化学オキシダントとともに、有機化合物の酸化物として二価有機酸等の揮発しにくい物質が生じる。これらが凝縮したり、既存の粒子に取り込まれたりして二次粒子になるわけだが、観測された有機成分を一次粒子、二次粒子に分離する直接的な方法はない。したがって間接的な方法で、二次粒子の生成・成長過程を把握することになる。

室内実験において、二次粒子を効率的に生成する揮発性有機化合物としては、環状アルケンや芳香族炭化水素がある。環状アルケンの光化学反応では、オゾン分解によって開環反応が起こり、炭素鎖の両端にそれぞれカルボニル基とカルボキシル基をもつオキソ有機酸を生じる。オキソ有機酸がさらに酸化されて二価有機酸になると考えられている（ただし、この辺りの反応メカニズムはよくわかっていない）。大気中に多く存在する環状アルケンは、主に針葉樹林から放出されるテルペン類だが、有機粒子生成シミュレーションモデルによって計算すると、地球全体の二次粒子の大部分は、テルペン類から作られる二次粒子が占めると推測されている。

もちろん都市周辺の大気の場合には、ガソリンや塗料の成分であるトルエンやキシレンなど、芳香族炭化水素と呼ばれるものが、大きく寄与しているものと思われる。しかし、芳香族炭化水素からの二次粒子の生成メカニズムやその組成については不明な点が多い。しかも最近では、従来の方法で捕集・分析できない難揮発性物質が関与している可能性も示唆されており、有機エアロゾルについては、今後さらに分析法を進歩させる必要がある。

（4）都市のエアロゾルは濃くなる？——排出物どうしの化学反応

地球環境問題のなかでも地球温暖化は、最も関心の深い問題である。もちろん大気エアロゾルの中

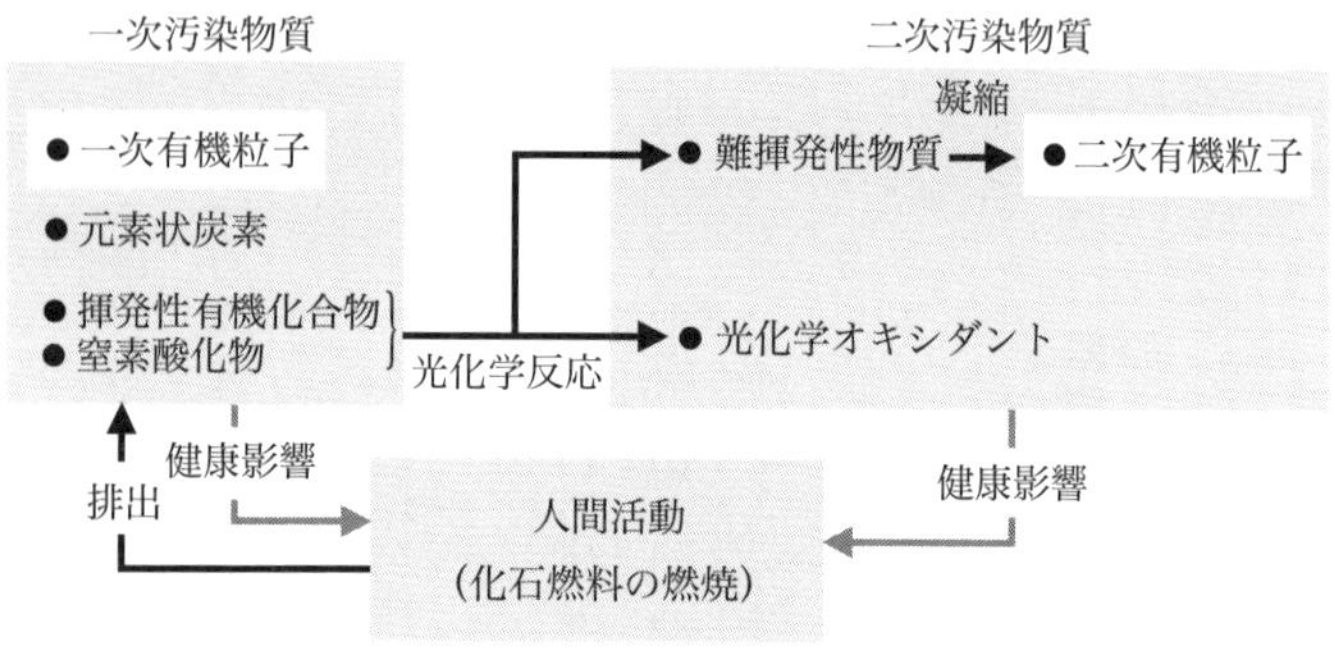

図2－2●都市周辺における有機エアロゾルの生成過程

には、温暖化に寄与するエアロゾルもあるが、有機エアロゾル（OC）の場合は、温暖化よりむしろ、直接効果（光を散乱すること）・間接効果（雲粒の生成に関与すること）により冷却化に寄与すると言われている。特に、雲粒が発生する場合には、雲粒の核（雲粒凝結核、専門的にはCCNと呼ぶ）となる微粒子が必要となるが、核となる微粒子の約六〇パーセントを有機エアロゾルが占めているという報告もある。それというのも、有機エアロゾルはもともと吸湿性でかつ高い水溶性をもつからである。さらに、有機エアロゾルに含まれる低級ジカルボン酸類などの水溶性有機化合物（WSOC）の割合は、一般的には数パーセント〜二〇パーセント程度であるが、揮発性有機化合物（VOC）が光化学反応に伴って酸化されるとともに二次生成有機エアロゾル（SOA）が生成することで、水溶性有機化合物の割合や水溶性SOAの割合が増加すると考えられている。しかし、先に書いたように、有機エアロゾルに関する研究は、二次生成のメカニズムや構成成分が複雑なためにしっかりとした定量的評価が難しく、未だに解明されていない部分が多い。

そこで私たちは、都市部、都市郊外、田園地域にまたがる南関東地域で、粒径別にエアロゾルを採取し、汚染された大気が都市部から内陸へ移動する中での有機エアロゾルや水溶性有機化合物濃度の変化、なかでも主要成分である低級ジカルボン酸類の挙動を調べてみた。

観測地点は、一つは東京都目黒区にある東京大学先端科学技術研究センターで、言うまでもなく、人為起源の揮発性有機化合物（ＶＯＣ）の発生が多い都市部にある。これと比較するための対照地点には、都市の郊外地点としてさいたま市にある埼玉大学、田園地域として埼玉県騎西町にある埼玉県環境科学国際センターを選んだ。観測は、光化学スモッグが発生しやすい夏季（二〇〇四年七月三一日～八月八日、二〇〇五年七月二〇日～八月五日）に行った。

興味深いのは、ほとんどの期間、元素状炭素（ＥＣ、つまり炭素そのもの）の濃度には大きな変化はみられなかったにもかかわらず、有機エアロゾル、水溶性有機化合物の濃度は、都市部に比べて都市郊外、田園地域が高濃度であったことである。また、有機エアロゾルに占める水溶性有機化合物の割合は、都市部である目黒が最も低く、都市部、都市郊外、田園地域へと順次増大する傾向がみられた。つまり、汚染大気が都市部から郊外へと移流する過程で、二次生成による水溶性有機化合物が増えているのである。

3　エアロゾルと酸性雨の怪しい関係――エアロゾルの「沈着」

このように、二次粒子の生成というエアロゾル研究の基本中の基本もわからないことだらけなのであるが、とにかくエアロゾルがどのように生まれるか、その生成の様子についてはざっくりとはつかんでいただけたかと思う。ところで、そうして生まれたエアロゾルが、大気環境にどのような影響を与えているのかを考えるうえでは、生成とは逆に、エアロゾルが大気から除去される過程もまた重要である。

先に紹介した硫酸エアロゾルがその代表的なものだが、化石燃料の燃焼などにより排出され、また大気中で新たに生成される酸性物質は、直接地上に舞い降りたり、霧や雨を介して地上に到達したりして、さまざまな環境問題を引き起こす。大気中に浮遊しているエアロゾル粒子が、地表面などへ降下することは、大気から除去されることを意味し、これを「沈着」という。雨や雪、霧など水を介した沈着過程は「湿性沈着」、エアロゾルが直接地表面などに落下や拡散などにより降下するような場合を「乾性沈着」と呼ぶ。

このような沈着は、エアロゾルに汚染された大気を浄化する重要なプロセスである一方、地上や水面などに沈着したエアロゾルは、土壌や河川、湖沼などの汚染の原因となる。特に、酸性物質の沈着は、いわゆる酸性雨被害や土壌の酸性化などの環境問題を引き起こすが、これらを総じて、酸性沈着問題と呼んだりもする。

(1) 硫酸アンモニウムと雲――「雲粒の先天的汚染」

古来、降水(いわゆる雨)は「天水」とも呼ばれ、貴重な水資源の一つとして、なかでも上質な水資源として利用されてきた。しかし、降水が、地球と大気間の水循環、すなわち水蒸気による大気への移動と降水による地上への移動の一過程である以上、降水は雲粒や雨滴が取り込む大気汚染物質で汚染される。そのため、「天水」は大気汚染の進行とともにその清浄さを失ってきた。

なかでも、酸性雨は降水汚染の象徴的な現象である。雨滴による汚染物質の取り込みには、雲粒の生成時や成長時に雲粒中に汚染物質を取り込む「レインアウト」と、雨滴が降下時に取り込む「ウオッシュアウト」とがある。レインアウトやウオッシュアウトによる大気汚染物質の取り込みは、主として雲粒の成長時や雨滴生成後に生じるが、これらを「後天的汚染」と呼ぶことにしよう。一方、雲粒は雲粒を生成する段階でも汚染されるが、それを「後天的汚染」と対比する意味で「先天的汚染」と呼ぼう。新しく生まれる雲粒が先天的に汚染される理由は、自然界においては、雲粒が生成するためには雲粒凝結核が必要であることに起因している。すなわち、雲粒が出来る際には、核となる微小な粒子が必要となり、この微粒子が硫酸塩などの大気汚染物質であるためだ。

そこで、降水汚染の対策には、後天的汚染だけでなく、雲粒凝結核による先天的汚染も寄与するのでそのメカニズムを解明することも重要なのである。ここでは、硫酸アンモニウムが雲粒凝結核となる場合の雲粒の先天的汚染を中心に述べよう。

雲粒は大気中の水蒸気が微粒子に凝縮したものだが、その凝縮は、大気の水蒸気圧よりも低い水蒸気圧を持つ小さな場所（微小部分）を萌芽として始まる。これが雲粒の核だ。もし、核がない状態で雲粒が生成するとすれば、水蒸気の凝縮が生じるには大気の水蒸気圧はかなり高くなければならない。なぜかというと、凝縮に必要な大気水蒸気圧は飽和水蒸気圧よりも高く（水蒸気が「過飽和」になると言う）、しかも、その過飽和度が数百パーセントという、自然界では非現実的な値にならなければ、水蒸気は凝縮しないからだ。したがって、大気中では、純粋の水のみからなる雲粒が生成することはない。これに対して、雲粒の核が水溶性の不純物を含んでいれば（すなわち不純物が潮解すれば）、大気の水蒸気の相対湿度は一〇一パーセント（過飽和度一パーセント）以下という低い値でも、水蒸気は容易に凝縮して雲粒が生成する。このような核となるのは、大気中の吸湿性エアロゾル（あるいは、非水溶性のエアロゾルの周囲を水溶性の物質が覆っている物質）が、水蒸気を吸着して潮解したものが適している。このような雲粒凝結核となる吸湿性エアロゾル粒子は、大気中に多数存在する。たとえば、至るところにみられる大気汚染物質である硫酸アンモニウムは、大気中に最も多く存在する雲粒凝結核である。もちろん先に書いたように、硫酸アンモニウムには、自然起源のものと、人為起源のものがある。

さて、水溶性物質である雲粒凝結核の上に凝縮した水蒸気は、水として新生雲粒に変化すると同時に、雲粒凝結核を自らの中に溶解させる。これを、雲粒による雲粒凝結核の同化と呼ぶ。だから、雲粒は純水ではなく、汚染物質を含む水（雲粒凝結核の水溶液）でできていることになる。いいかえると、たとえ後天的汚染がなくても、生まれながらにして新生の雲粒は雲粒凝結核によりすでに汚染されているということだ。先天的汚染とはこのようなことだ。

新生雲粒の汚染源となる雲粒凝結核が硫酸アンモニウムである場合、こうした新生雲粒内には、H_2SO_4・HSO^{4-}・SO_4^{2-}・NH_4OH・NH_4^+・H^+・OH^-が生成することがわかっている。これまでの研究と、私たちのモデル（水分の保存や熱エネルギーの保存といった点で、より現実の自然に近いモデル）を用いて導き出した雲粒の大きさに関する研究結果とを組み合わせることによって、新生した雲粒内に存在する各種の汚染物質の濃度を求め、新生雲粒の先天的汚染の程度を酸性度（pH）を指標として評価することができる。

ここでのモデルシミュレーションの結果によると、雲粒凝結核の同化による先天的汚染は、雲粒凝結核の大気中の濃度の増加とともに増えていく。また、たとえば、雲粒や雨滴の代表的な汚染指標であるpHは、現在の二酸化炭素（CO_2）濃度三八〇ppmの場合には、この二酸化炭素が雲粒や雨滴に溶解し酸性化するため、摂氏二五度で五・六となる。しかし、雲粒凝結核の同化による先天的汚染でもたらされるpHは五・六よりも低く、二酸化炭素の溶解によるものよりもさらに酸性が強くなることがわかる（表2－1）。このように雲粒凝結核の同化による新生雲粒の先天的汚染の程度は、二酸化炭素による後天的汚染の程度よりも高くなりうる。

（2）積雪の上に積もるエアロゾル――乾性沈着とその測定

前に書いたように、大気に放出された汚染物質は、雨や雪に取り込まれ降雨によって取り除かれたり（湿性沈着）、ガスあるいはエアロゾルが直接地表面などに降下（乾性沈着）して、大気から取り除かれる。大気環境の問題をしっかりつかむためには、大気汚染物質の除去過程を、その量の変化もあわせて把握しなければならないが、これらの過程のうち、エアロゾルの乾性沈着を正確に評価することは本質的に難しく、今なおエアロゾルの沈着量の観測は研究途上にある。そこで、札幌市にある北海道大学の農場で私たちが行った観測を紹介して、その研究の一端を知っていただこう。

エアロゾルの乾性沈着量を測定するには、渦相関法、渦集積法、緩和渦集積法、濃度勾配法など、さまざまな方法があるが、渦相関法が最もわかりやすい。渦相関法は、たとえば地表面から数メートルの高さで、上向きの風量と下向きの風量をそれぞれ測定する。そのとき同時に、風に含まれる汚染物

表2-1 雲粒凝結核（1μmの硫酸アンモニウム粒子）の個数濃度が変わると、雲粒半径、雲粒凝結核が溶解した化学種の平衡濃度と酸性度も変わる

雲粒凝結核の個数濃度 [cm^{-3}]	雲粒半径 [μm]	化学種の平衡濃度 [$mol\ L^{-1}$]	25°Cにおける雲粒pH
1	8.81	1.96×10^{-2}	5.56
10	6.07	5.98×10^{-2}	5.51
100	4.16	1.86×10^{-1}	5.48

質の濃度も測定する。上向きの風は、たとえば一〇秒前には地表面に接触しており、その際、汚染物質が地表面に取り込まれている（つまり汚染物質が地面に降下している）ので、下向きの風よりも汚染物質の濃度が低くなると考える。つまり、風により上向きに運ばれる汚染物質と下向きに運ばれる汚染物質の差が、沈着する量に等しいと考えるのだ。

少々難しい言い方だが、この場合、統計学的には、鉛直方向の風速と大気汚染物質濃度の共分散（二組の対応するデータの平均からの偏差の積の合計の平均値）を測定することになる。この方法の難しい点は、鉛直方向の風は常に変化するわけだが、その変化のスピードに追随できる速度で汚染物質の濃度の測定が要求される点だ。実際、鉛直方向の風は一秒間に一〇回くらい方向を変えるから、〇・一秒以内に一回の割合で汚染物質の濃度を測定しなければならない。風速は超音波風速計という装置で簡単に測定できるのだが、〇・一秒以内にエアロゾル濃度を計測することは最新の測定技術をもってしてもやさしくない。最近になってようやく、サンプル採集のタイミングが異なるデータ間の共分散を、統計学的に推定する方法が開発

された。この方法を使えば、測定時間が〇・一秒以上かかっても渦相関法が可能になり、緩和渦相関法と呼んでいる。

その方法というのは、数式で表すと、下記のようになる。

流束＝$\langle C\times\langle w\rangle\rangle$

一言で言うと、この式は、観測する物質の濃度Cにその濃度を測定している間の鉛直風速の平均$\langle w\rangle$をかけ、さらに平均を計算すると、その値は流束（単位時間単位面積あたり沈着する粒子の個数）のよい近似になるという意味だ。図2‐3に、実際の測定データを示したが、図の灰色の点は鉛直方向の風速の測定値を、黒点はエアロゾル個数濃度の測定値を示している。エアロゾルの測定には一秒かかり、測定は四秒ごとに行われ、風速の測定は〇・一秒ごとに行われる。なお、図2‐3にはエアロゾルが測定される時刻の風速の値だけを示してある。エアロゾル濃度Cを測定している間に風速は一〇回測定される。その値の平均が$\langle w\rangle$である。流束はこの値にCをかけた値の平均を計算すればよい。

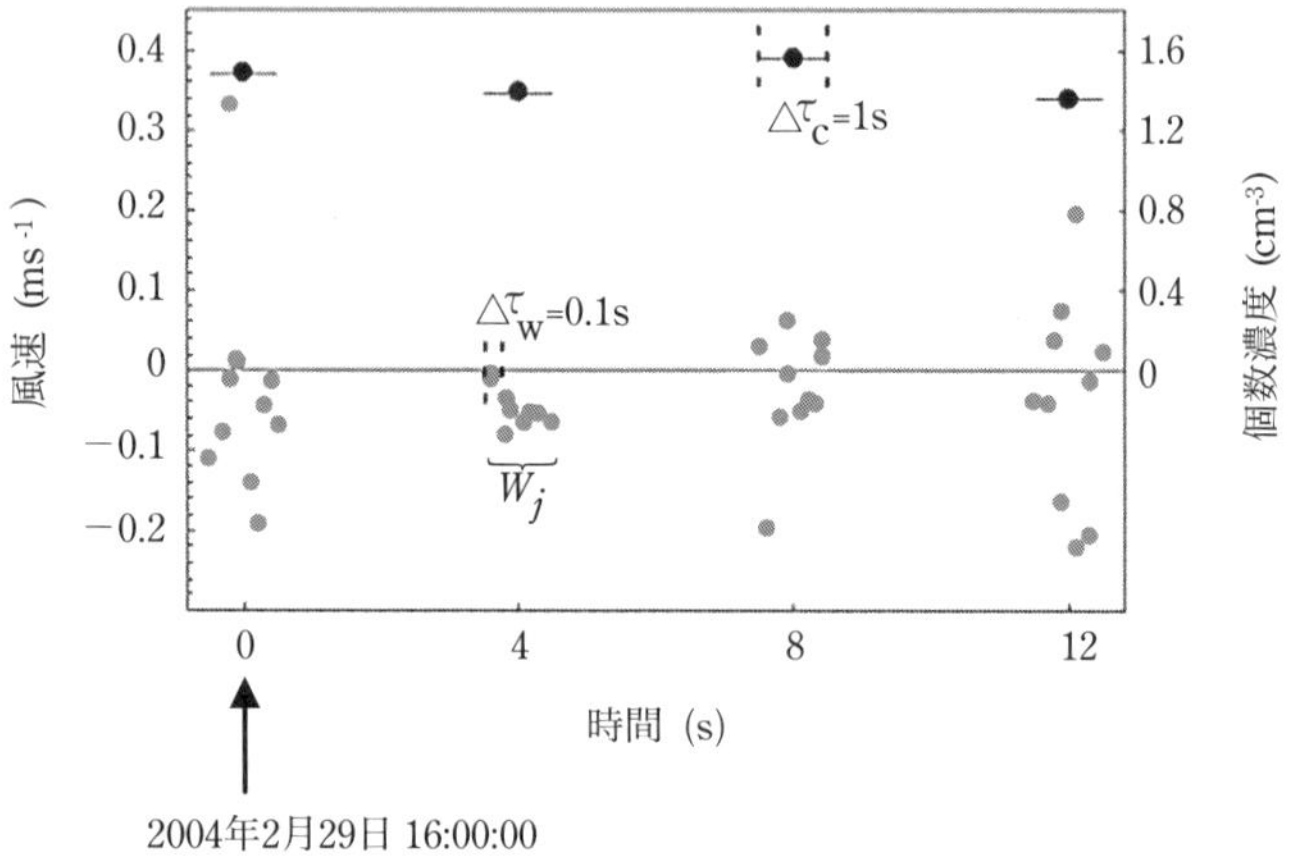

図2-3●流束の推定値を計算する方法の一例。2004年2月29日午後4時ちょうどから12秒間のもの。灰色の点は風速の測定値を、黒点はエアロゾルの濃度を示している

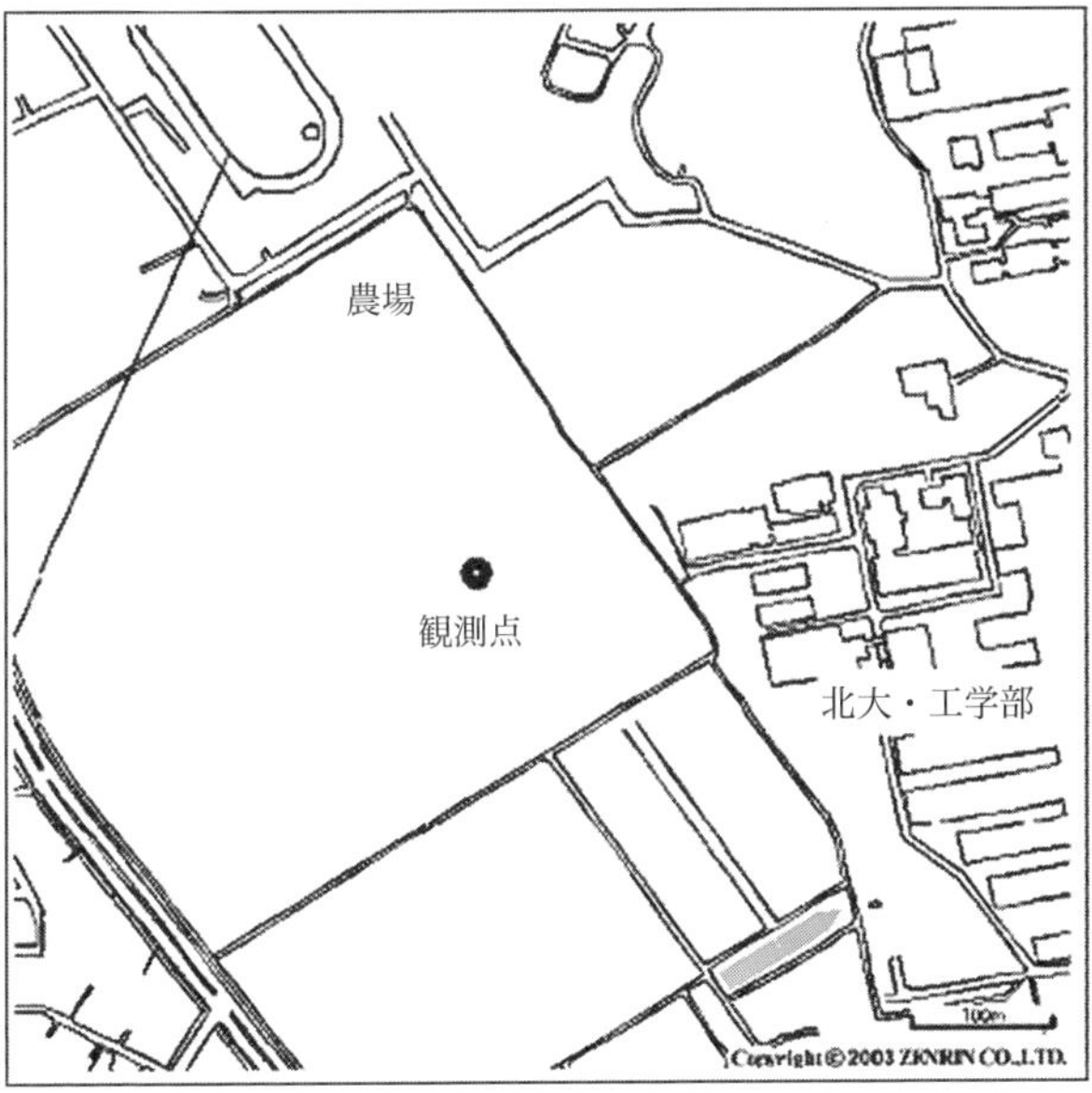

図2-4●北海道大学農場での乾性沈着観測地点

図2－5●乾性沈着観測装置とその様子。こんな雪原の中で観測する

表2－2 雪面へ沈着したエアロゾルの量（単位：1秒間に、1 cm² あたりに沈着する粒子の個数で示す。マイナス値は沈着を示す）

月日	時間					
	0:00-4:00	4:00-8:00	8:00-12:00	12:00-16:00	16:00-20:00	20:00-24:00
02/28	－	－	－	－	－6646	－5543
02/29	－4027	－7203	－7720	－4845	－5350	－4702
03/01	－3783	－4129	－5159	－7775	－7731	－6983
03/02	－2720	－3958	－5234	－8207	－8701	－9413
03/03	－7682	－12360	－3764	－	－	－

実際の観測は、二〇〇四年二月二八日～三月三日に行った。北海道の冬のこととて、農場は雪で覆われ（積雪一メートル）、一様に水平で、主な風系となる北側には三〇〇メートルの吹送距離（風が建物や樹木などの影響を受けずに吹いた観測地点までの距離）がある。その観測地点と観測風景を示したのが図2－4、2－5である。〇・一～一マイクロメートルの粒径範囲のエアロゾルについて四秒間隔で測定を行い、鉛直方向の風速は超音波風速計を用いて〇・一秒間隔で測定を行った。二月二八日から三月三日の七日間（この年は閏年）の四時間ごとの測定結果に、緩和渦相関法を用いて求めたエアロゾルの沈着量を表2－2に示したが、たとえば表の中の02/29の行、0：00～4：00の列の値、－4027のマイナスはエアロゾルの流束が下向きであること、すなわち沈着（降下）していることを示し、雪面の一平方センチメートルあたり、毎秒四〇二七個の粒子が沈着していることを示している。まさに、積雪の上にエアロゾルが積もっているのだ。

(3) 雨に濡れたエアロゾル──湿性沈着

一方、エアロゾルは、霧、露、降雨などに取り込まれながら、地表に沈着する。雨は雲の中や地表近くの雲の底の下(雲底下)で汚染物質を取り込み大気を洗浄するが、山間部でしばしば発生する霧の汚染物質の濃度は、雨よりもおよそ一〇倍も高く、霧が地表近くの大気を洗浄する効果はきわめて大きいことがわかる。霧の液滴は樹冠(樹木の葉の生い茂っている部分)に衝突するとそこに捕捉され、雨となって地上に落ちる。これを樹雨と呼んだりするが、この樹雨による降水量は、標高の高い森林地帯では雨による降水量を上回っている。さらに、霧はその発生頻度が高くなると樹冠を長時間にわたって濡らし、汚染物質の沈着を促進する。都市部では、一般に霧の発生頻度は低いけれど、露は早朝にしばしば発生している。だから、降雨期間も含めると、建物などの物体表面が濡れている時間は、都市部においても非常に長い。

湿性沈着は、大気からのエアロゾルやガス状の大気汚染物質の沈着過程において非常に重要である。ここでは山間部の代表として神奈川県の丹沢大山、都市部の代表として横浜で観測を行った、湿性沈着についての研究を紹介しよう。

丹沢大山は図2-6に示すような位置にある。伊勢原市は関東平野と相模湾の間に吹く海陸風の通り道にあり、谷風が吹き湿度が高いときに滑昇霧（斜面を空気が昇るときに起きる霧）が発生する。私たちは、この大山の多くの地点で雨水、林内雨（樹冠下の雨）、樹幹流（幹を伝わって落ちる雨）、エアロゾル、ガス中の成分試料を採取・分析し、同じように霧水を採取・分析した。また、霧水組成には、霧底の位置が大きな影響を与える。そこで、伊勢原市役所の屋上に設置した暗視カメラで、霧底の位置を観測した。気象状況は湿性沈着の状態に大きな影響を与えるから、これを詳細に把握するために大山の標高の異なるいくつかの地点に風向風速計や降雨強度計を設置した。一方、都市部では、横浜市神奈川区内の大学の講義棟屋上で、同様の測定を行った。

横浜と大山でのエアロゾル濃度と水溶性成分濃度は、成分により違いはあるが、全体として大山より横浜のほうがおよそ二倍、濃度が高い。いずれの地点も微小粒子のほうが粗大粒子よりも濃度が高いが、硫酸イオン（SO_4^{2-}）は光化学反応の活発な夏季に増加し、硝酸イオン（NO_3^-）はガス化の影響により夏季に減少する。ただ、最近一〇年間の経年的な傾向は明確ではなかった。

一方、微量ガス成分濃度の経年変化は、横浜では、窒素酸化物（NO_x）と二酸化硫黄（SO_2）が減少傾向を示しているが、硝酸ガスは増加傾向を示している。大山では、三宅島噴火の影響で二〇〇〇年に二酸化硫黄が増加したが、その後はしだいに減少している。横浜と大山を比較すると、汚染源が都市部にあるため、多くの成分で横浜のほうが高濃度だが、硝酸ガスなどの二次生成成分についてはその

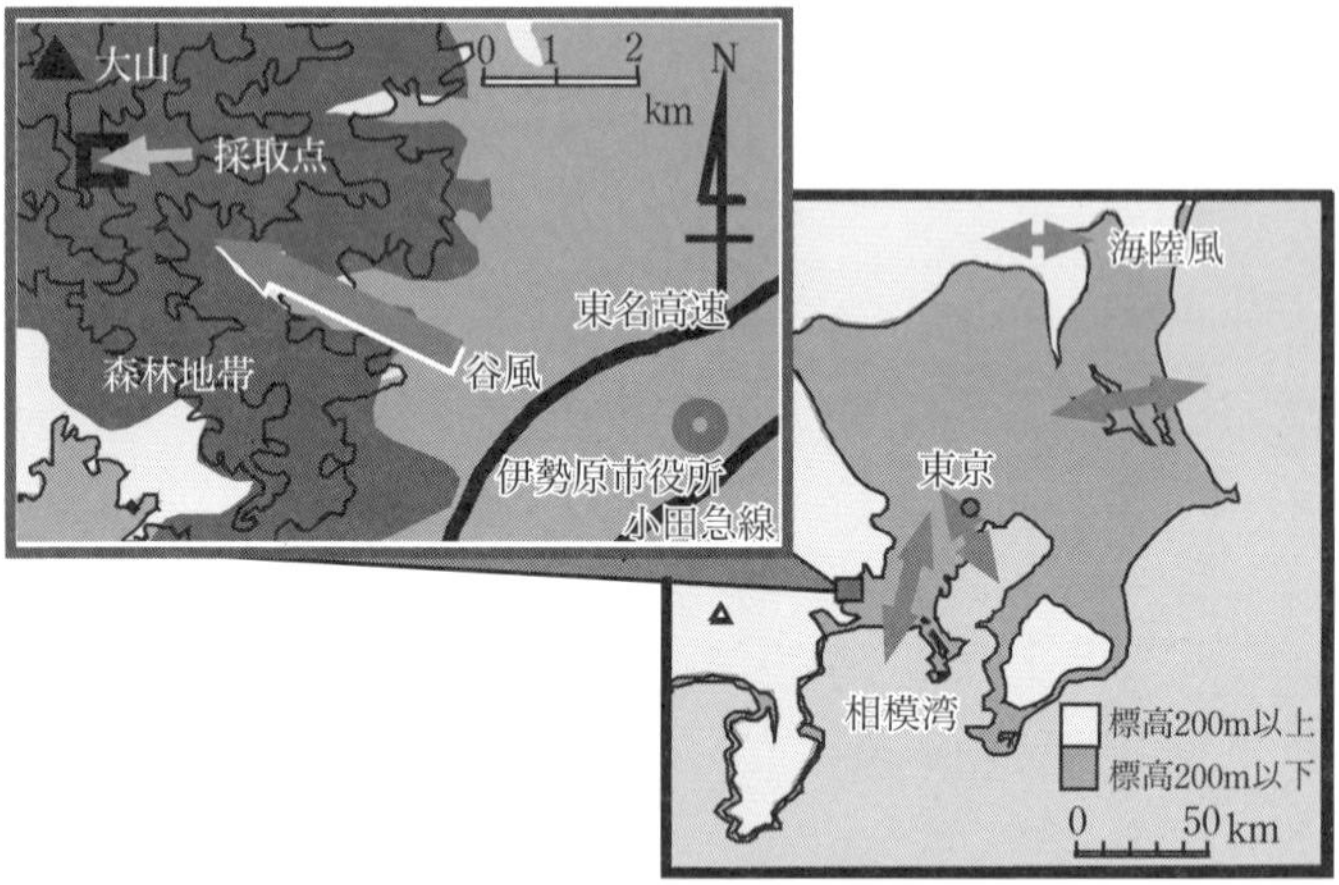

霧採取地点

図2-6●丹沢大山での霧採取地点。伊勢原市は関東平野と相模湾の間に吹く海陸風の通り道にあり、谷風が吹き湿度が高いときに霧が発生する

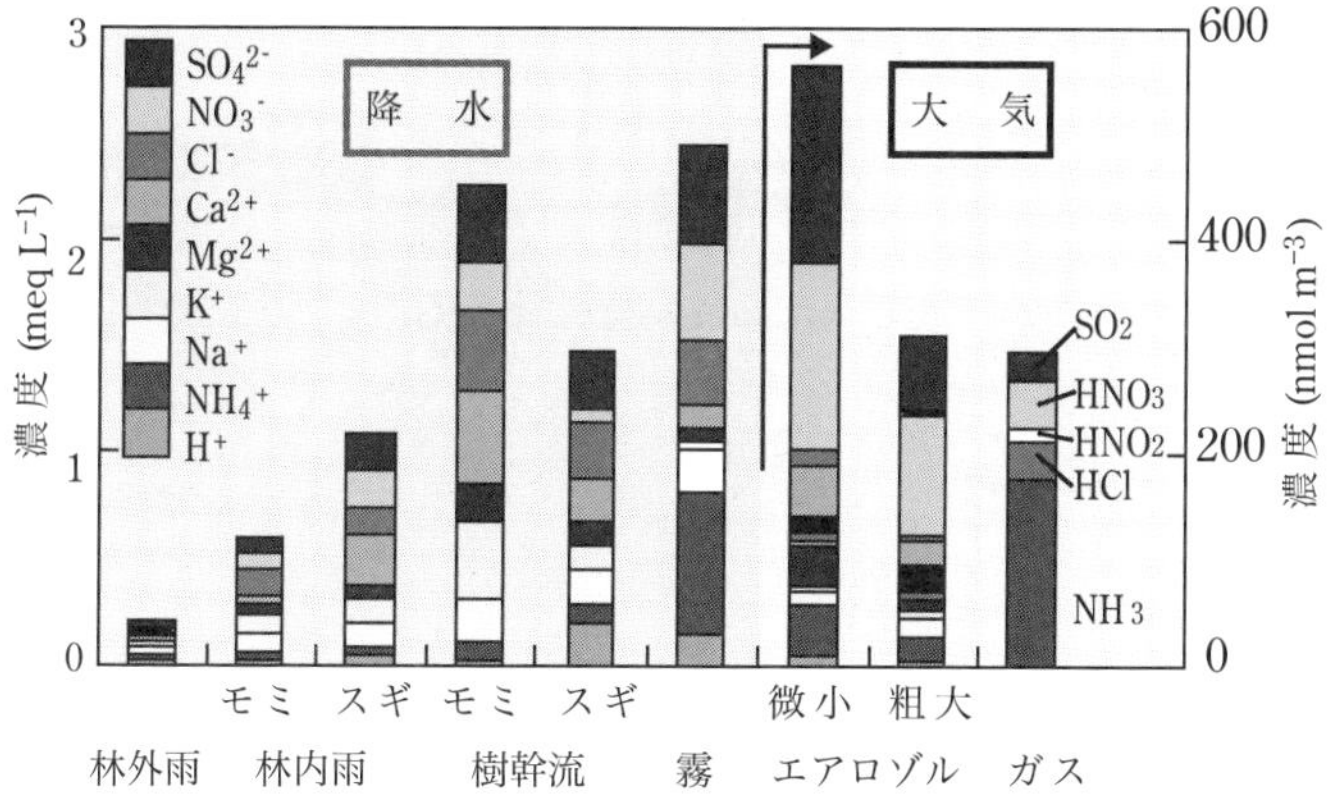

図2 - 7●大山中腹における、降水中および大気中に含まれる成分の化学組成

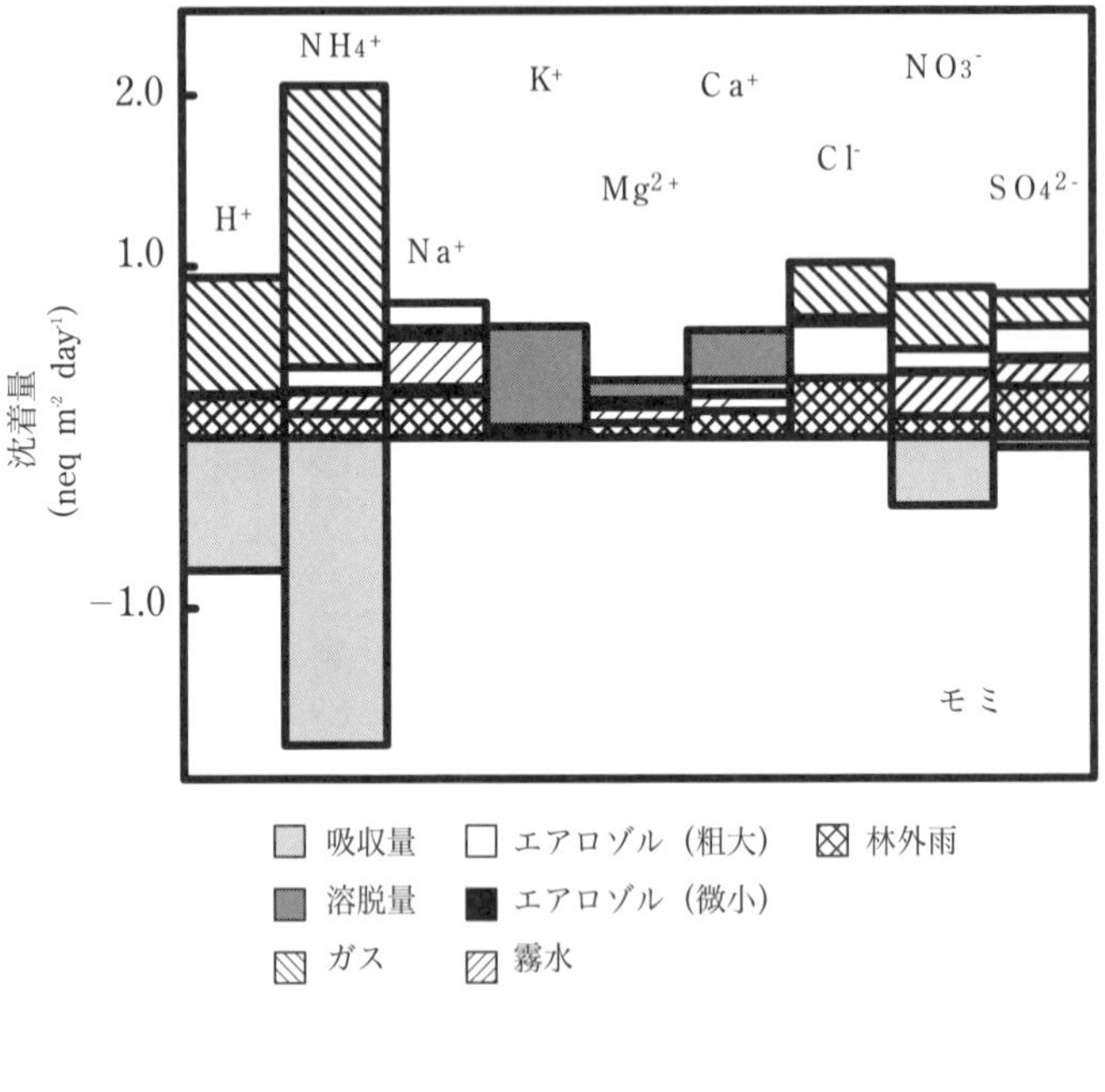

図2-8●林内雨によってモミに沈着し、あるいは流れ去った化学物質の収支

差はほとんどみられない。

ところで、汚染物質は山間部では樹冠に沈着し、森林環境に悪影響を及ぼす。図2－7に、さまざまな降水と大気中成分の濃度を示したが、樹冠の下で採取される林内雨は、ガス、エアロゾル、霧の沈着の影響を受け、林外雨よりも濃度はかなり高い。林内雨へのこれらのさまざまな沈着形態の影響について、主要なイオン成分の沈着経路を見積った結果を図2－8に示した。図の中では、ナトリウムイオン（Na^{+}）はすべてエアロゾル起源、塩化物イオン（Cl^{-}）はすべてエアロゾルとガス起源、微小粒子の沈着速度は粗大粒子のおよそ一〇分の一として、粗大粒子、微小粒子、ガス成分の乾性沈着速度を見積もり、またナトリウムイオンと塩化物イオンは枝葉との間では物質交換が起こらないなどと仮定したが、多くのイオンの沈着経路は林外雨、霧水、ガスであることがわかる。山間部では湿度が高く、霧の発生頻度が高いうえ、降水量も多く樹冠が濡れていることが多いので、沈着量の増加を引き起こす。またカリウム（K^{+}）、マグネシウム（Mg^{2+}）、カルシウム（Ca^{2+}）のそれぞれのイオンは、各々林内雨沈着量の九二パーセント、三五パーセント、四六パーセントを溶脱で占めている。カルシウムイオンやマグネシウムイオンについては、酸性ガスや酸性霧の沈着によって、葉面からイオン交換反応による溶脱が起こったものと考えられる。この地点では、硝酸イオンを指標として汚染物質が樹冠へ沈着する経路をみると、微小エアロゾル＜粗大エアロゾル＜林外雨＜霧水＜ガスの順に大きくなる傾向が

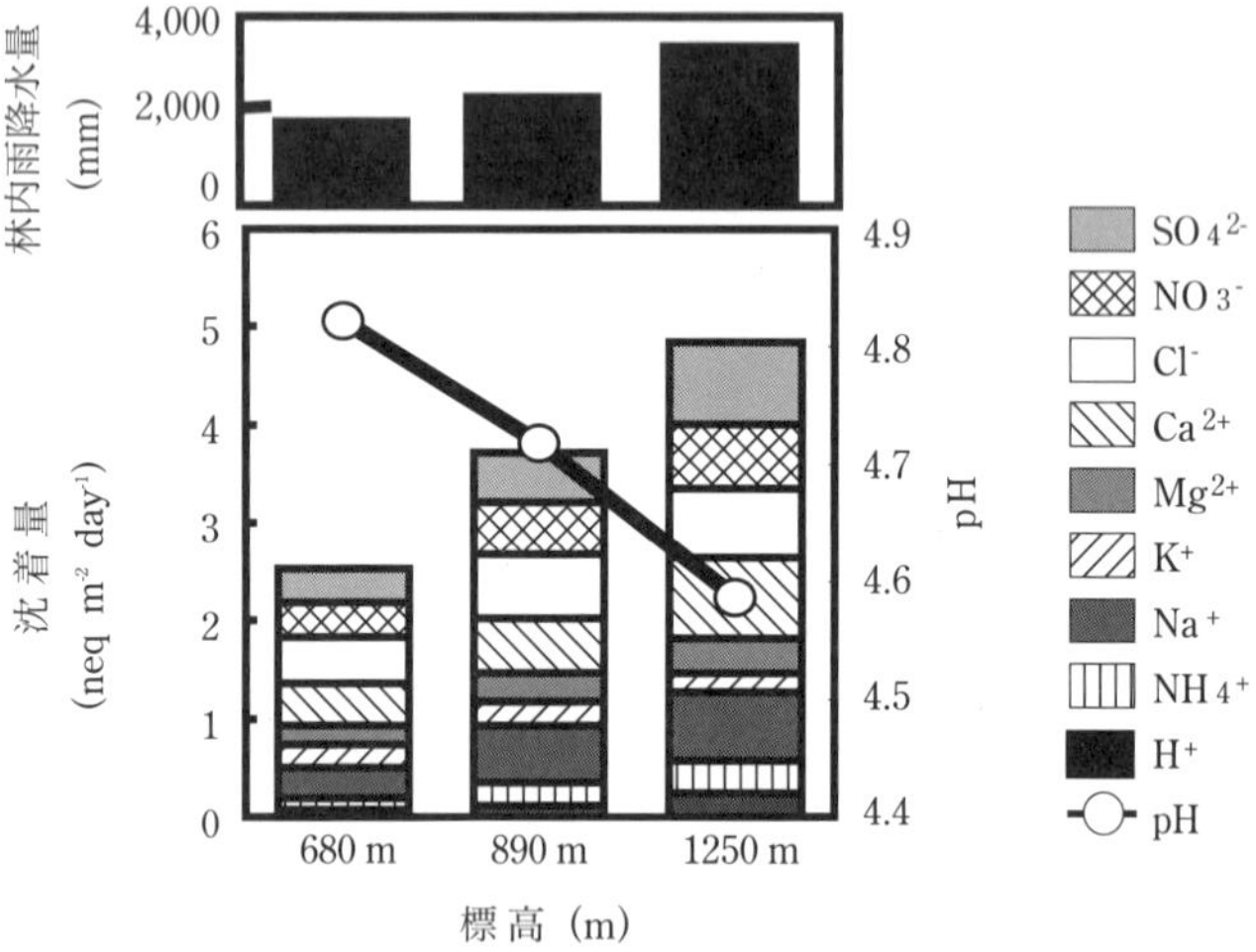

図2－9●林内雨における化学物質の沈着量。標高とともに霧水の量が増加するため、林内雨も増加し、霧水が汚染に与える影響は標高とともに大きくなる

みられる。

さらに、図2-9にみられるように、標高とともに霧水量が増加するため、林内雨も増加し、霧水が汚染に寄与する影響は標高とともに上昇する。大山では滑昇霧の発生が多く、霧の多くが谷風時に発生していた。谷風時に発生した霧は成分濃度が高くpHも低いため、沈着による植物への影響は非常に大きい。さらに、林内雨の空間的分布特性について調べるために一つの樹冠下にいくつもの林内雨採取器を設置したところ、沈着量は風向きと地形に影響され、谷風の上昇する斜面の南東側で多くなる傾向がみられた。このことから、関東平野に面する位置に生育する樹木に多量の汚染物質が沈着しているのではないか、と見られる。

横浜では霧の発生頻度は低いが、露は頻繁に発生する。pHと露水内成分濃度、平均露水量、発生頻度の関係をみると、pH六〜七の露水は、その発生頻度が高く平均露水量も最大となった。pHが四より低い酸性度の高い露水は、露水量が少ないときに発生し、そのときのイオン濃度は高かった。また、pHが高くなるにつれ硝酸イオン（NO^{3-}）の濃度が低くカルシウムイオン（Ca^{2+}）の割合が高くなり、pH支配要因として硝酸（HNO_3）と土壌成分の炭酸カルシウム（$CaCO_3$）の影響が大きいと考えられる。図2-10で、露が発生している表面と発生していない表面の沈着量を比較したが、濡れによる沈着の促進効果は大きく、特にガス状物質については顕著だ。

やや駆け足になったが、専門的になるのを避けながら、エアロゾルの生成と除去（沈着）について、実際の観測結果を紹介しながら見てみたが、まだまだ「地球環境問題」という大きな拡がりの中ではとらえにくかったのではないかと思う。そこで、次の章では、酸性雨と黄砂の問題を取り上げて、その影響を東アジアの枠の中で見てみよう。

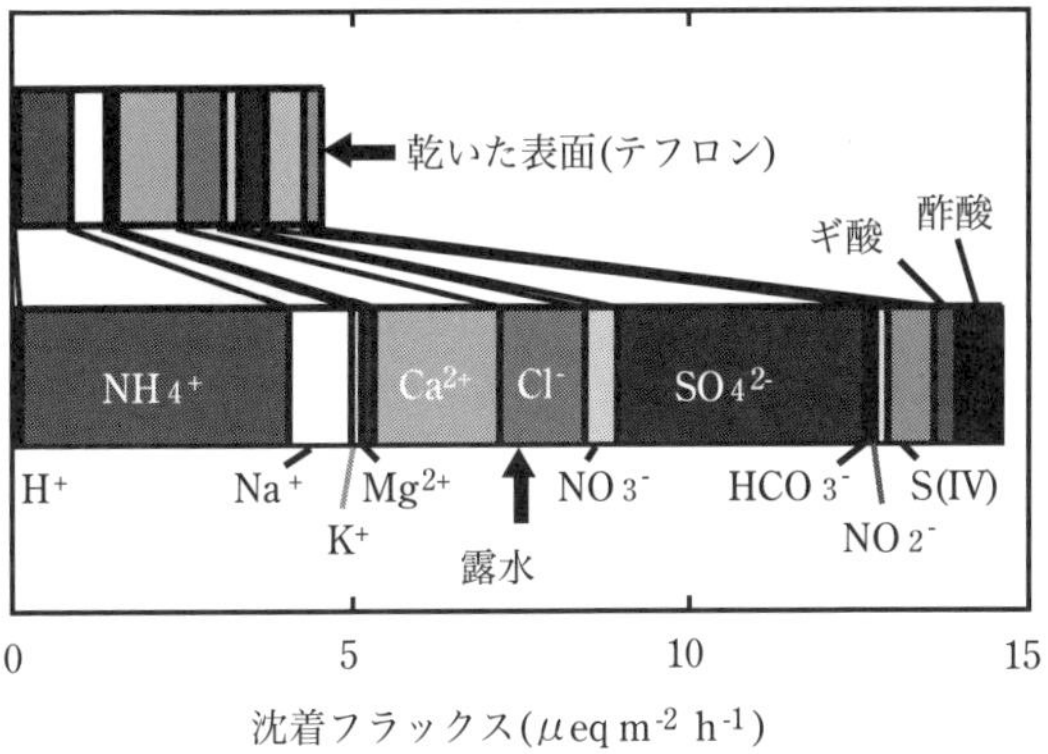

露水/乾いた表面

H^+	NH_4^+	Na^+	K^+	Mg^{2+}	Ca^{2+}	Cl^-	NO_3^-	SO_4^{2-}	HCO_3^-	NO_2^-	S(IV)	ギ酸	酢酸
51	5.0	1.8	2.2	2.2	2.0	1.9	1.9	9.6	0.2	—	2.9	—	—

図2 - 10 ●露が発生している表面と発生していない表面の沈着量の比較（上）。また沈着物質の中に占める各化学物質の割合。濡れによる沈着の促進効果は大きく、特にガス状物質については顕著である

第3章……東アジアのエアロゾル

日本はすでに先進国としては成熟期に入っていて、経済成長率も「低成長」となって久しいけれど、中国や韓国、台湾を含む東アジア地域では、急激な工業化がまさに現在進行中だ。それはすなわち、「人為起源」のエアロゾルが大量に発生しているということでもある。加えて、東アジアには広大な砂漠と海が広がっているため、昔から黄砂などの「自然起源」のエアロゾルに悩まされてきた。このように、人間社会の面から言っても、自然の面から言っても、東アジアは、地球規模での大気環境の動向を決定するたいへん重要な地域なのだ。東アジアにおいて、エアロゾルが大気環境にどのように影響を与えているか、その実態を調べ対策を立てることが、国際社会の緊急課題となっているのも、こうした理由からである。

そこで、この章では、東アジアにおける現在そして将来のエアロゾルの空間分布、沈着量分布について、できるだけ、現実の課題 ── 酸性雨や黄砂被害 ── に関わらせながら述べるとともに、東アジアという広大な地域で、エアロゾルをどうしたらとらえられるのか、各種の観測・解析の方法についても紹介する。

実は、エアロゾルを「測る」ということに関しては、非常に奥深い話がたくさんあって、そうした基礎を知らないと、この章で紹介する事柄を正確につかむのは難しいのだが、「奥深い話」はこの後の章（4章、5章）に譲ることにして、まずは、私たちが日々生活しているこの東アジア地域について俯瞰してみよう。

1 東アジアに降る酸性雨

今どき、「酸性雨」という言葉を聞いたことのない人はいないだろうが、すでに触れたように、「酸性雨」というのは、エアロゾルやガスの形で存在する大気汚染物質が地表に沈着する現象、すなわち大気沈着（atmospheric deposition）の一つの形だ（だから、この沈着プロセスにも、エアロゾルなどが風に乗ったまま地表に沈着する乾性沈着と、雨など水に溶けた状態で沈着する湿性沈着の二つがちゃんとある)。

言うまでもなく、「酸性雨」は森林や湖沼などの生態系、農業生産に大きな影響を与え、酸性物質が長距離輸送されてその影響が自国だけでなく他国にまで及ぶ(越境汚染という)ことから、国際的に重大な環境問題を引き起こすものと考えられている。そこで一九九三年、日本の環境庁(現在は環境省)は、東アジア地域の酸性雨を国際的にモニタリングすることを提唱し、一九九八年四月から「東アジア酸性雨モニタリングネットワーク(Acid Deposition Monitoring Network in East Asia : EANET)」が試験的な観測をスタートし、二〇〇一年一月からは本格的な観測が始まった。このモニタリングはエアロゾルやガス、降水の化学的観測といった大気を扱った測定と、土壌や植生、陸水(川や湖の水)など地表の事柄を扱った調査からなり、二〇〇〇年には一〇カ国 —— ロシア、モンゴル、中国、韓国、日本、フィリピン、インドネシア、タイ、マレーシア、ベトナム —— で、湿性沈着のデータが得られた。その後、カンボジア、ラオス、ミャンマーが加わり、今では、一三の国で統一した方法による観測が行われている。

そこで、まずこの章では、二〇〇〇〜二〇〇三年のデータに基づいて、東アジアの「酸性雨」について、大まかにつかんでみよう。これからしばらくは、読者の方にはさまざまな図表とにらめっこをしてもらうことになるが、その際、いちいち国名を挙げるのは煩雑なので、簡単な約束事をしておきたい。すなわち、先の一三カ国のうち、ロシアとモンゴルの二カ国を北部北東アジアすなわち「Northern Northeast Asia：NNE」と表す。また中国は「CHN」、韓国は「KOR」、日本は「JPN」とする。そして、フィリピンとインドネシアの二カ国は、海域東南アジア「Maritime Southeast Asia：MSA」、タイ、マレーシア、ベトナムの三カ国を大陸部東南アジア「Continental Southeast Asia：CSE」と表すことにする。

(1) 硝酸イオンと硫酸イオンの沈着量から何がわかるか

図3－1は、EANETの測定地点である。ミャンマーを除く一二か国・四六か所が挙げられている。図3－2に測定器が設置されている様子の写真を示したが、化学分析をするための雨を集めるのは清浄な容器であればよく、特別のものは必要としない。ただ、雨が降らないときも蓋が開放されていると、砂埃などが入り分析を妨害する。そこで酸性雨の観測では容器にふたをつけておき、雨が降るときだけふたが開くようにしたもの（これを「降水時開放型捕集装置」と呼ぶ）を用いる。この装置で降水を一日単位で集め、pH測定のために必要な水素イオン（H^+）を含む一〇種類のイオン濃度（H^+・NH^{4+}・Ca^{2+}・K^+・Mg^{2+}・Na^+・NO^{3-}・SO_4^{2-}・Cl^-）を測定する。分析がきちんと行われているかどうかは、イオンバランスや欠測（データが取られていないこと）の程度などで評価し、信頼性のある観測

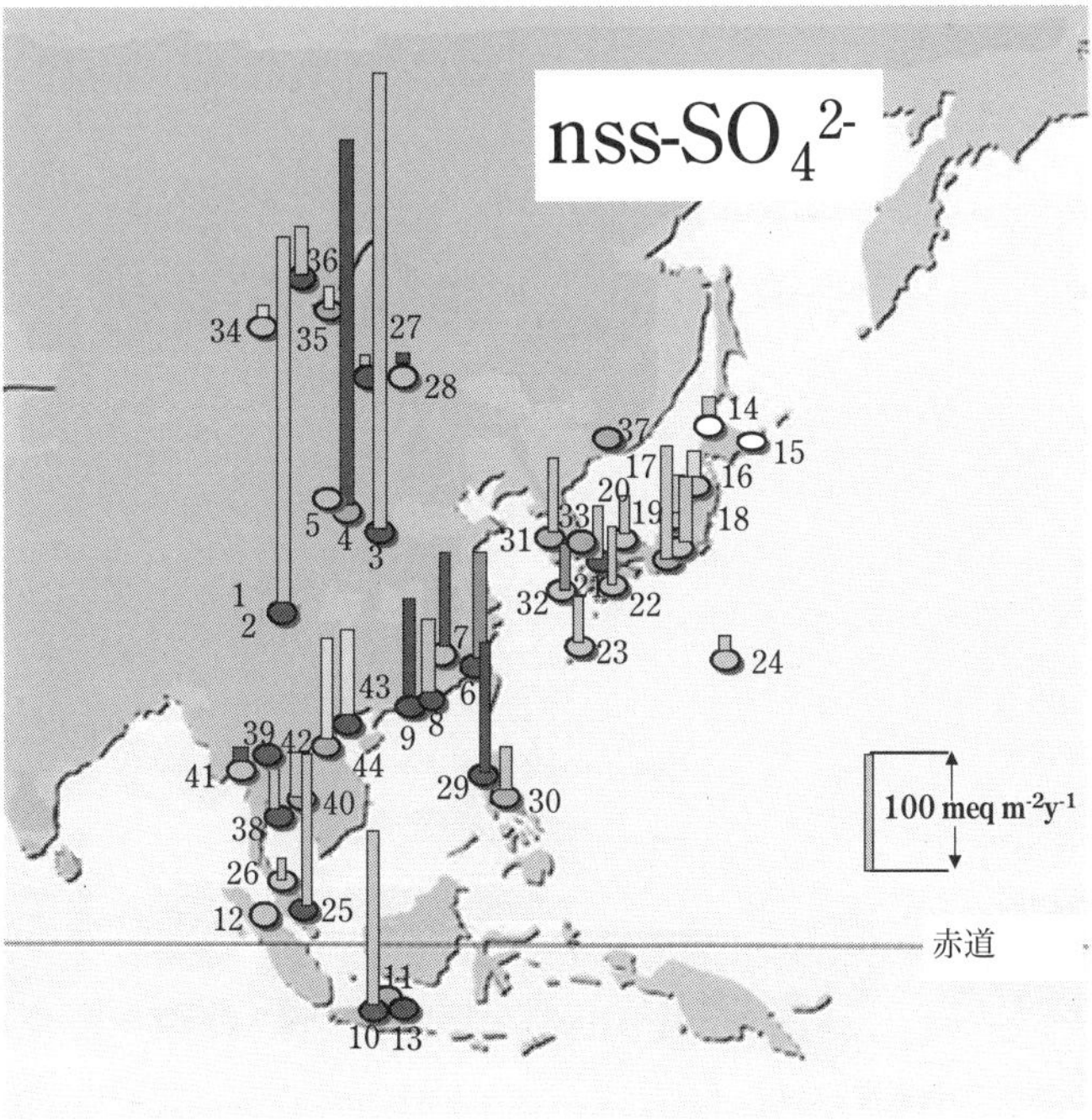

図3-1●EANETの測定地点と、各々の観測地点ごとの非海塩性硫酸イオンの年間沈着量。右下の凡例の棒の長さが、1年当たり1平方メートル当たり100ミリ当量であることを示す。番号は表3-1のサイト名に対応

図3-2●タイに設置された酸性雨捕集装置

表3-1 EANETの各測定地点における年間沈着量（2004年）。網かけの部分は、測定データが不十分で解析などに用いられないものを示す

国名	サイト名	サイト番号	SO_4^{2-} mmol m⁻²y⁻¹	nss-SO_4^{2-} mmol m⁻²y⁻¹	NO_3^- mmol m⁻²y⁻¹	CT^- mmol m⁻²y⁻¹	NH_4^+ mmol m⁻²y⁻¹	Na^+ mmol m⁻²y⁻¹	K^+ mmol m⁻²y⁻¹	Ca^{2+} mmol m⁻²y⁻¹	nss-Ca^{2+} mmol m⁻²y⁻¹	Mg^{2+} mmol m⁻²y⁻¹	H^+ mmol m⁻²y⁻¹
中国	重慶1（都市域）	1	229	228	60.9	20.3	189	10.1	15.1	153	153	12.7	36.0
	重慶2（田園地域）	2	166	165	55.9	19.5	160	18.7	17.8	107	107	5.39	39.3
	西安1（都市域）	3	104	103	37.1	21.7	87.5	11.5	5.75	88.5	88.3	9.18	0.30
	西安2（田園地域）	4	94.2	93.5	32.4	18.3	70.5	10.9	5.25	88.3	88.1	8.99	0.49
	西安3（遠隔地）	5	56.3	54.7	26.9	15.1	37.8	25.5	8.65	89.7	89.1	16.9	0.79
	厦門1（都市域）	6	73.6	70.3	53.1	64.1	48.8	53.7	7.70	89.1	88.0	12.2	20.6
	厦門2（遠隔地）	7	53.3	51.8	38.5	32.5	74.4	25.5	9.96	12.5	12.0	2.81	48.3
	珠海1（都市域）	8	25.0	22.4	29.6	48.8	67.9	96.6	10.3	24.1	22.0	8.51	22.1
	珠海2（都市域）	9	34.3	30.4	31.9	75.1	75.9	120	28.9	31.5	28.9	10.8	29.6
インドネシア	ジャカルタ（都市域）	10	71.4	68.2	114	57.4	32.8	54.6	15.2	74.8	73.8	9.25	30.0
	セーポン（田園地域）	11	41.0	39.3	58.0	34.8	61.9	28.7	8.26	15.4	14.7	5.84	30.5
	コトタバン（遠隔地）	12	9.53	8.39	6.39	18.6	20.6	19.2	9.49	12.2	11.8	2.28	34.5
	バンドン（都市域）	13	24.8	24.2	25.2	15.6	32.9	9.66	2.95	16.3	16.1	2.93	8.31
日本	利尻（遠隔地）	14	27.0	13.9	11.0	242	16.2	217	5.68	8.13	3.46	24.9	13.6
	落石岬（遠隔地）	15	22.3	8.33	8.78	266	7.64	233	5.23	7.92	2.90	27.3	13.4
	竜飛崎（遠隔地）	16	39.8	21.1	24.2	360	22.8	310	7.66	12.3	5.69	36.7	37.4
	佐渡関（遠隔地）	17	27.2	14.7	17.3	236	15.5	208	5.48	7.23	2.90	24.1	30.4
	八方尾根（遠隔地）	18	30.9	29.7	29.8	28.8	28.5	20.9	2.20	8.25	7.81	5.02	43.5
	伊自良湖（田園地域）	19	49.5	44.6	51.1	102	51.0	81.6	3.95	8.73	7.03	10.4	77.3
	隠岐（遠隔地）	20	41.3	16.6	23.7	457	15.2	420	14.7	16.8	7.76	48.8	22.2
	蟠竜湖（都市域）	21	34.4	22.5	27.0	232	19.5	197	5.25	9.20	4.97	23.0	34.7
	梼原（遠隔地）	22	27.3	19.9	19.7	143	18.4	122	4.50	7.72	5.08	14.1	41.7
	辺戸岬（遠隔地）	23	93.9	30.3	18.0	1200	22.9	1060	29.4	27.7	5.43	111	24.7
	小笠原（遠隔地）	24	19.5	3.75	4.03	300	5.74	277	6.31	6.29	1.14	27.9	8.27
マレーシア	ペタリングジャヤ（都市域）	25	54.5	53.5	89.4	22.2	39.4	17.0	4.91	15.1	14.8	2.66	142
	タナラタ（遠隔地）	26	9.74	9.48	11.1	5.86	5.77	4.42	3.68	5.60	5.51	0.75	33.1
モンゴル	ウランバートル（都市域）	27	1.84	1.81	1.32	0.67	3.86	0.48	0.24	3.60	3.59	0.49	0.03
	テレルジ（遠隔地）	28	2.75	2.67	3.34	1.85	7.37	1.31	0.97	3.36	3.33	1.07	0.34
フィリピン	メトロマニラ（都市域）	29	47.4	44.8	34.6	60.7	80.6	43.0	9.95	26.4	25.5	10.3	15.0
	ロスバノス（田園地域）	30	19.4	17.9	13.7	29.8	32.7	24.4	4.81	13.3	12.7	7.98	11.9
韓国	カンファ（田園地域）	31	39.3	37.6	36.1	48.9	66.4	28.5	10.0	12.3	11.7	4.82	23.8
	チェジュ（遠隔地）	32	26.8	22.9	27.9	88.9	40.4	64.9	9.11	8.66	7.25	8.17	20.5
	イムスル（田園地域）	33	19.9	18.6	24.8	32.2	34.0	21.6	6.90	8.16	7.70	2.89	14.2
ロシア	モンディ（遠隔地）	34	2.46	2.43	2.44	0.99	4.03	0.69	0.96	1.92	1.90	0.46	1.64
	リストビンスカヤ（田園地域）	35	10.6	10.4	10.9	2.72	6.74	2.57	1.30	7.80	7.74	1.76	6.67
	イルクーツク（都市域）	36	14.7	14.5	9.48	4.71	15.1	3.68	1.50	12.1	12.0	2.64	6.74
	プリモスカヤ（田園地域）	37	25.7	24.8	14.8	14.7	21.0	15.6	5.01	14.9	14.5	4.87	10.0
タイ	バンコク（都市域）	38	19.8	19.1	19.3	13.7	45.8	12.3	1.96	13.3	13.0	2.59	7.86
	サムプトプラカン（都市域）	39	20.7	19.5	12.3	16.2	43.5	20.8	6.15	9.88	9.43	2.36	4.29
	パトゥンタニ（田園地域）	40	17.1	16.6	23.4	13.9	33.2	8.72	1.16	11.1	11.0	1.55	13.3
	カンチャナブリ（遠隔地）	41	4.71	3.96	6.65	13.9	11.7	12.5	1.52	6.65	6.38	2.29	1.18
	チェンマイ（田園地域）	42	7.95	7.74	7.04	4.40	18.1	3.52	1.62	5.50	5.42	2.10	2.93
ベトナム	ハノイ（都市域）	43	58.3	57.5	39.7	23.2	83.0	12.7	4.65	39.3	39.1	5.98	3.56
	ホアビン（田園地域）	44	53.9	53.5	36.4	21.6	75.0	7.16	3.06	36.4	36.2	4.62	4.61

をするよう努める。

表3－1に、測定地点コードとともに二〇〇四年の各イオン成分の年間沈着量をまとめたが、図3－1には各地点での非海塩性硫酸イオン（海塩粒子に含まれる硫酸イオンの寄与を除いたもの）の二〇〇〇～二〇〇四年の平均年間沈着量も加えた。その結果を見ると、沈着量は総じて中国が多く、都市から遠い土地では少なく、他はその中間とみなせる。

さて、硫酸（H_2SO_4）と硝酸（HNO_3）は酸性雨に関わる主要な酸である。しかし、これらの酸は、水溶液中で水素イオン（H^+）と硫酸イオン（SO_4^{2-}）、硝酸イオン（NO_3^-）に解離する（式3－1、3－2）。つまり、酸という分子は水溶液中では存在しないが、これらから生成する硫酸イオンと硝酸イオンの濃度はもとの酸の濃度に対応する。この酸そのものと、酸が解離してできるイオンとの違いは、左の式を確認して知っておいていただきたい。

$$H_2SO_4 \rightarrow 2H^+ + SO_4^{2-} \quad (3-1)$$

$$HNO_3 \rightarrow H^+ + NO_3^- \quad (3-2)$$

このうち、硫酸イオンは、海水に含まれる諸物質が風などによって大気中に拡散してできる（つまり自然起源の）「海塩粒子」にも含まれる。そこで、海の塩分（NaCl）を構成するナトリウムイオン（Na^+）をトレーサー（調査する物質の起源や行き先を追跡するための物質）として海塩性硫酸イオンを見積もり、硫酸がもとになってできる非海塩性でない硫酸イオンを求めることができる。海塩性でないということは、火山起源のものもいくらかはあるだろうが、概ね人為起源のものと考えてよい。

各測定点で得られた非海塩性の硫酸イオンと硝酸イオンの沈着量を六つの地域に分けて示したのが、図3－3である。一見して、中国での非海塩性硫酸イオンの沈着量が、他の地域に比べて非常に大きいことがわかる。多いところでは、中国以外の測定点の三倍に達している。前に述べたように、硫酸は二酸化硫黄（SO_2）が酸化してできる酸なので、このデータは、中国での二酸化硫黄の放出量が他地域に比べて非常に大きいことを意味する。

「NO^{3-}/nss-SO_4^{2-}当量比」というのは、測定した降水が酸性である場合、硝酸と硫酸のどちらの影響が大きいかを表している。すなわちこの値が小さいと硫酸の寄与が大きいことを示すわけだが、中国ではこの値は〇・一～〇・五で酸の半分以上が硫酸であることがわかる。中国以外の地点ではこの当量比は大きくは変わらず、〇・五付近の値、すなわち硝酸と硫酸の寄与は同じくらいである。

地表に沈着する量（沈着量）は濃度と降水量の掛け算で求められるが、ここで、非海塩性の硫酸イオンの沈着量と年間降水量の関係をみると、図3－4からわかるようにやはり、中国とそれ以外の地域

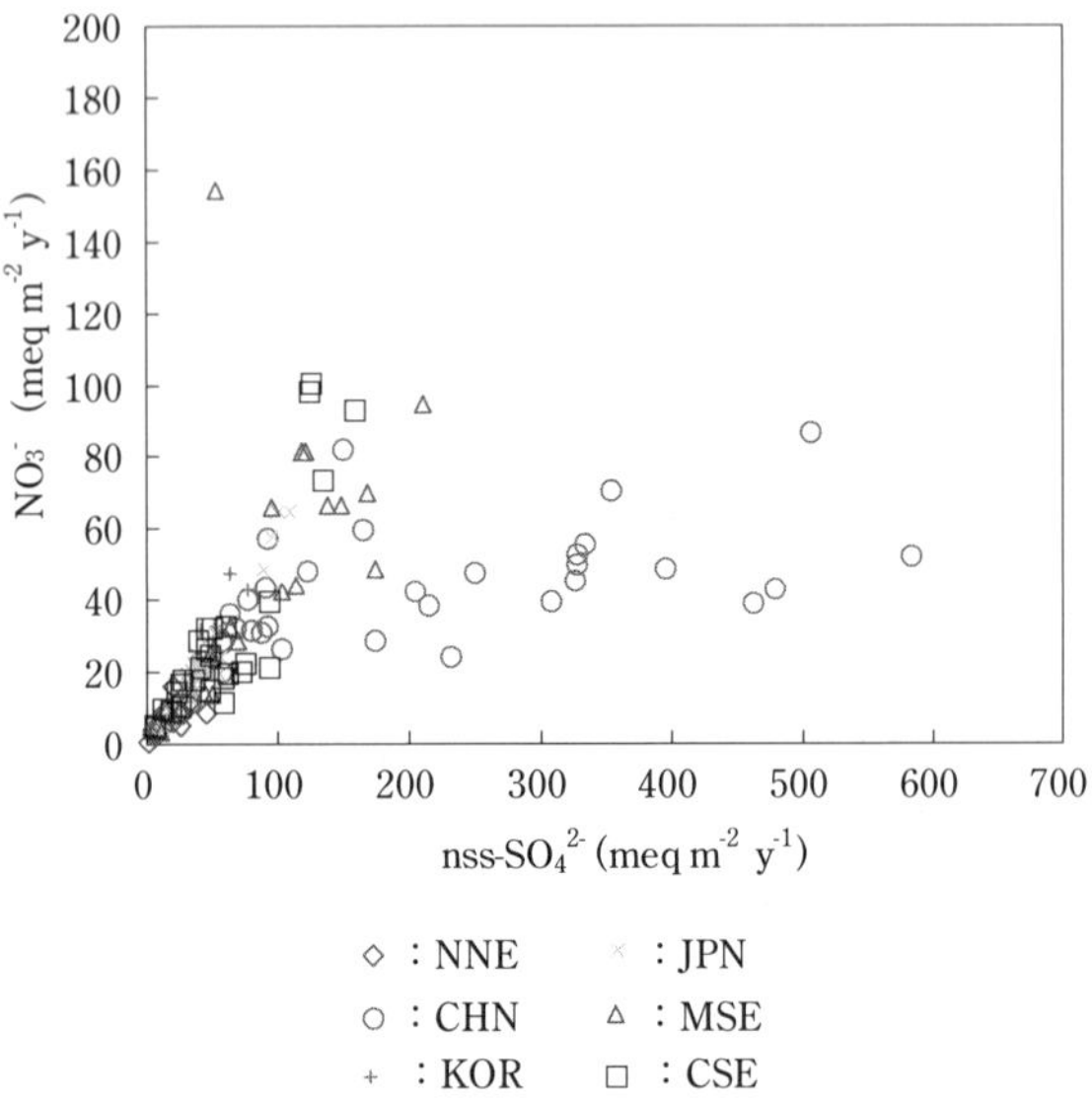

図3－3●硝酸イオンと非海塩性硫酸イオンの年間沈着量

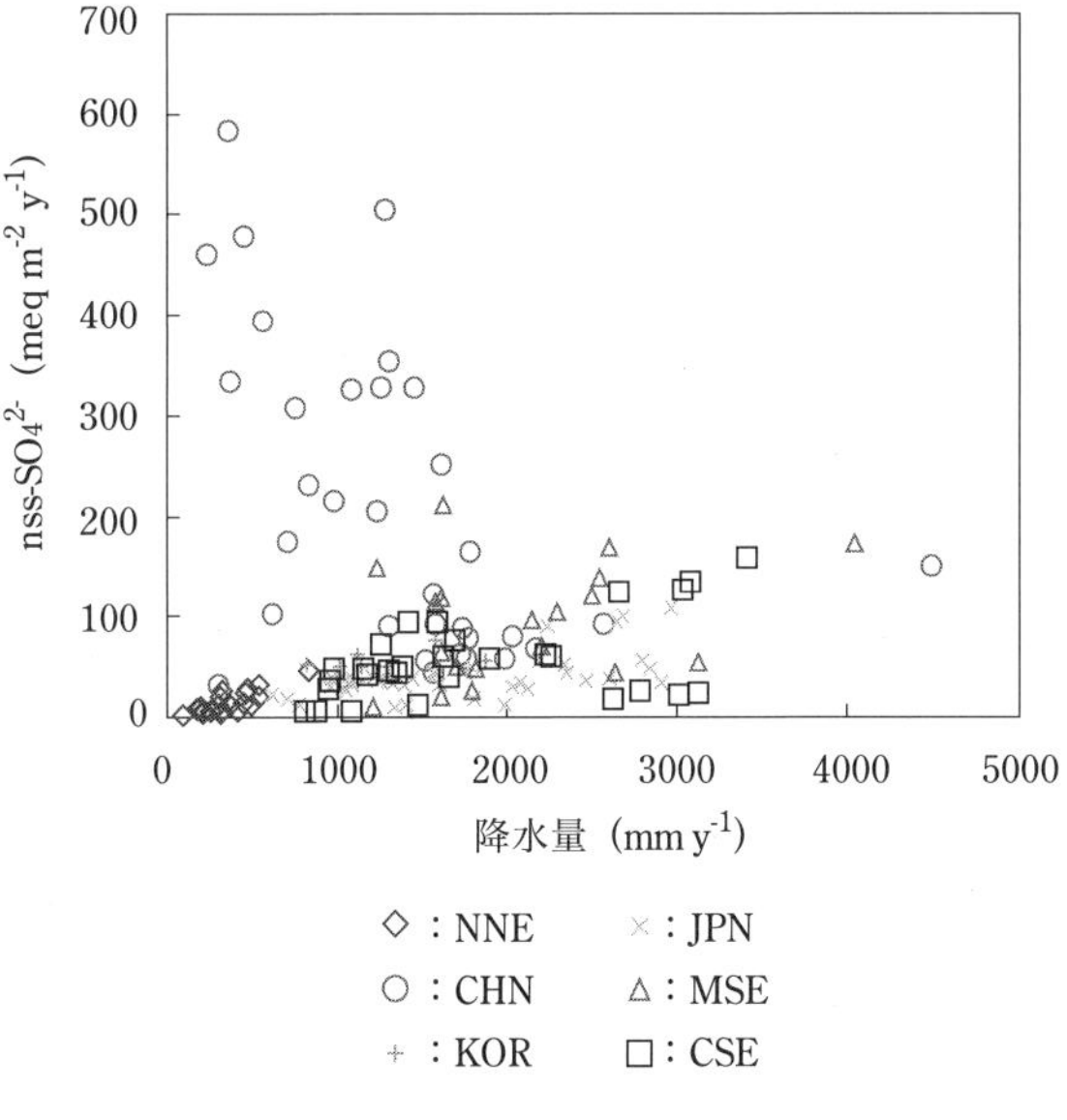

図3-4●非海塩性硫酸イオンの年間沈着量と年間降水量

で、大きく傾向が分かれる。すなわち、最も沈着量が大きいのは中国の測定地点であり、降水量が少ないにもかかわらず、沈着量は大きく他を引き離している。濃度は図中の各点と原点を結ぶ直線の傾きに相当するが、これら沈着量の大きい地点は、降水量が小さくても濃度はきわめて高いため、沈着量が大きくなっていることがわかる。

硝酸イオンの沈着量は、図3－5にみられるように、非海塩性硫酸イオンとは少し異なるパターンを示している。沈着量が大きいのはマレーシア、インドネシアの地点である。これらの地点の濃度は中国の地点に比べると低いが、降水量が大きいため沈着量が大きくなっている。

(2) アンモニウムとカルシウムイオンの沈着量から何がわかるか?

少し化学のわかる人ならよくご存じのとおり、pHは酸と塩基のバランスで決まる。酸は硫酸と硝酸を考えればよい。大気中の主要な塩基はアンモニアであり、式(3－3)、(3－4)のように水酸化物イオン（OH^-）を生成する。もう一つの主要塩基は塩基性のカルシウム塩であり、おそらく炭酸カルシウム（$CaCO_3$）であろう。これは式（3－5）～（3－7）のように水酸化物イオンを生成する。したがって、アンモニウムイオン（NH_4^+）とカルシウムイオン（Ca^{2+}）は、塩基の定量的な指標になりうる。

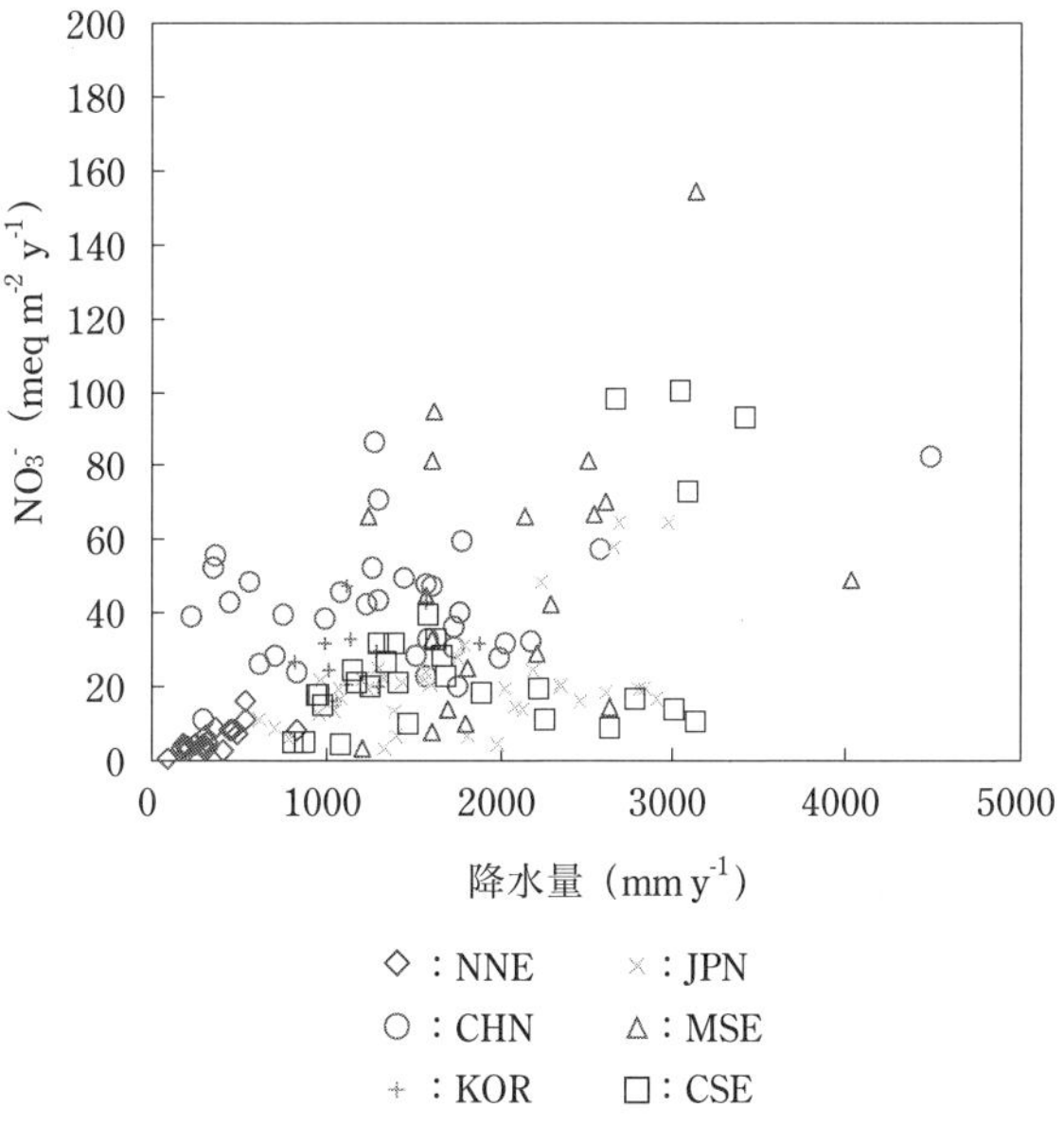

図3-5●硝酸イオンの年間沈着量と年間降水量

$$NH_3 + H_2O \rightleftarrows NH_3 \cdot H_2O \quad (3-3)$$

$$NH_3 \cdot H_2O \rightleftarrows NH_4^{+} + OH^{-} \quad (3-4)$$

$$CaCO_3 \rightleftarrows Ca^{2+} + CO_3^{2-} \quad (3-5)$$

$$CO_3^{2-} + H_2O \rightleftarrows HCO_3^{-} + OH^{-} \quad (3-6)$$

$$HCO_3^{-} + H_2O \rightleftarrows CO_2 \cdot H_2O + OH^{-} \quad (3-7)$$

非海塩性カルシウムイオンとアンモニウムイオンの沈着量の関係を図3－6に示したが、非海塩性硫酸イオンの場合と同様、中国の地点の中には非海塩性のカルシウムイオンの沈着量が一年当たり一平方メートル当たり一〇〇**ミリ当量**[*]以上のところが多く、その値は、他の地点と比べて群を抜いて大きいことがわかる。アンモニウムイオンの沈着量はほとんどの地点で一年当たり一平方メートル当たり一〇〇〜一五〇ミリグラム当量以下で、非海塩性カルシウムイオンに比べると沈着量は小さい。

＊ 当量濃度：酸塩基では、一モルの水素イオン（一価）の供与・受容能力（化学反応のしやすさ）をもつ物質の相当量で、一当量が定義される。したがって、モル濃度で表したイオン濃度をイオンの価数で割ると当量濃度になる。例えば、硫酸イオン（SO_4^{2-}）濃度が一モル／リットルの場合、イオンの価数が二であるから、当量濃度は〇・五当量／

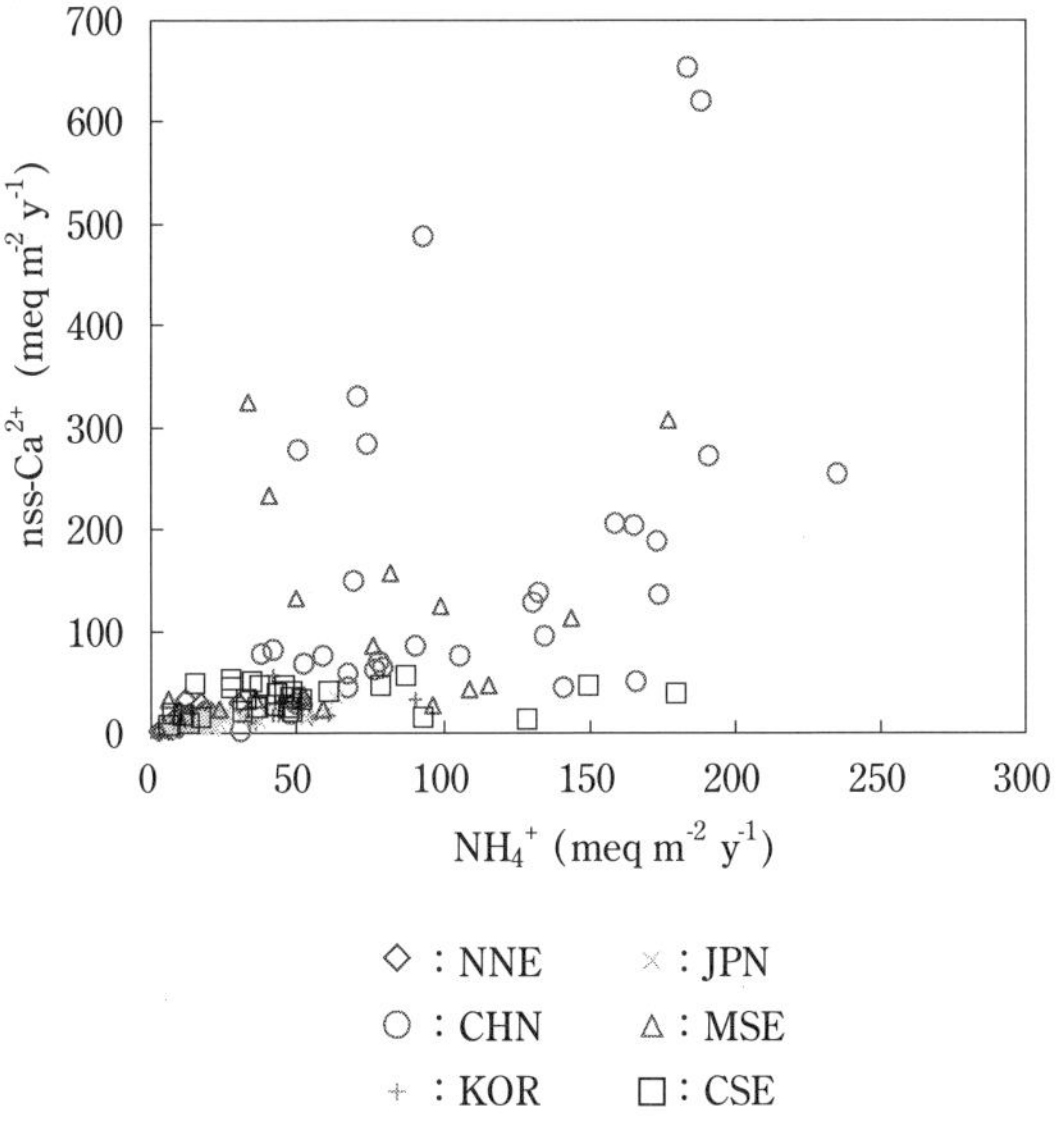

図3-6●非海塩性カルシウムイオンとアンモニウムイオンの年間沈着量

リットルとなる。

さて、大気中のアンモニアが降水に取り込まれると酸を中和するので、その限りでは「酸性雨を緩和」する。けれども、土壌に沈着すると微生物がアンモニアを硝酸に変換する（これを「硝化」という）ので、アンモニウムイオンは土壌にとっては酸として作用する（式3－8）

$$NH_4^+ + 2O_2 \rightarrow 2H^+ + NO_3^- + H_2O \quad (3-8)$$

硝化を考慮して土壌に対する実質的な水素イオンの沈着量を調べるために、「有効水素イオン量（H_{eff}）」というものを考える。酸に含まれる水素イオンだけでなく、アンモニウムイオンからも水素イオンが生まれ、土壌環境に影響を与えるので、その全体を考慮すべきだ、という観点である。水素イオンの沈着量と有効水素イオンの沈着量の関係は図3－7にみられるように、当然なことではあるが有効水素イオン量のほうが大きい。しかし、アンモニアが酸を中和してpHが高くなった場合は、有効水素イオンの沈着量は水素イオン沈着量よりはるかに大きくなる。中国、マレーシアなどでは有効水素イオンの沈着量が一平方メートル当たり三〇〇ミリ当量レベルのところがあり、環境に大きな影響

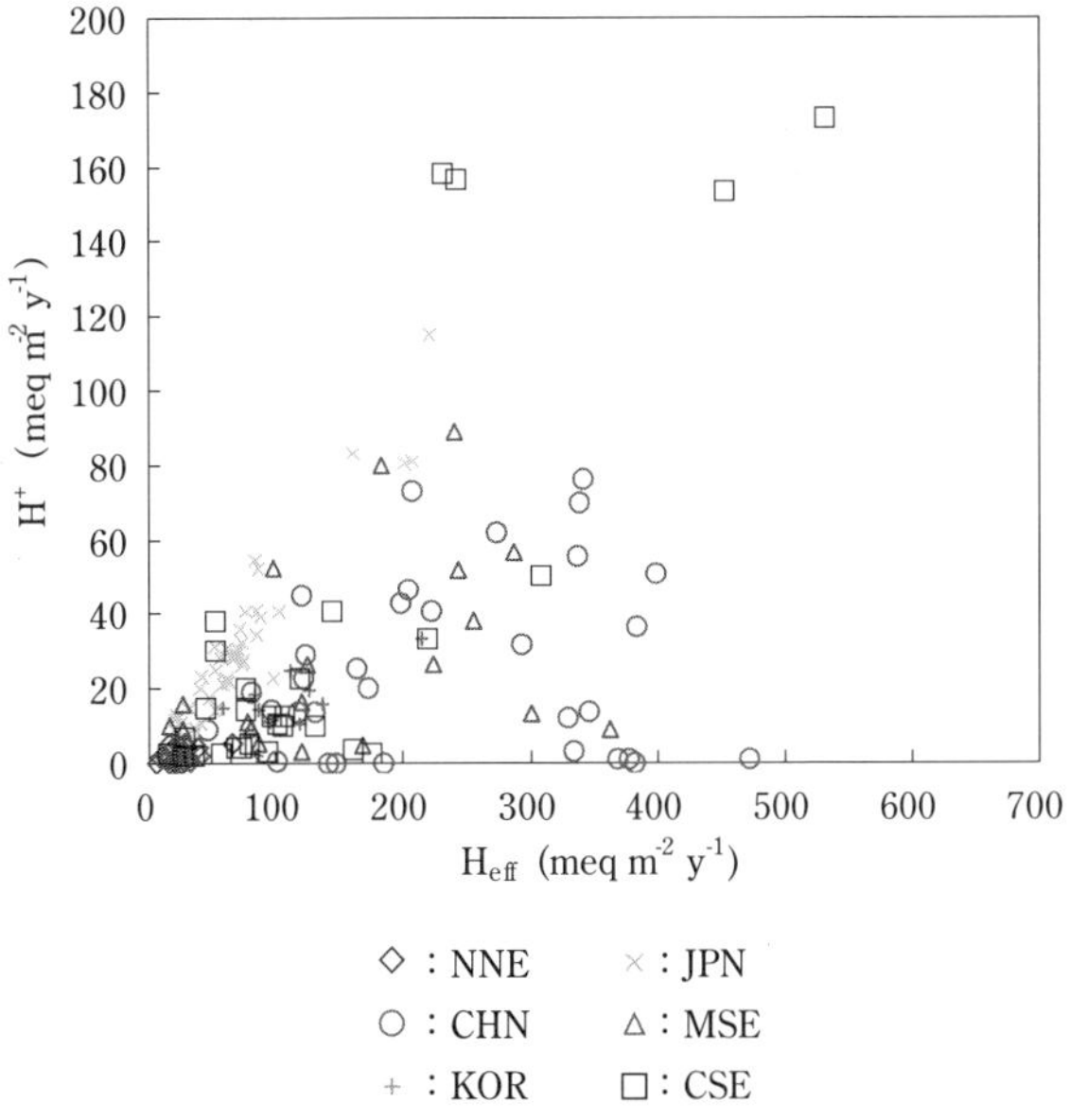

図3-7●水素イオン（H^+）と有効水素イオン（H_{eff}）の年間沈着量

を与えていると考えられる。

環境中ではそれぞれの化学元素は、形を変えながら大気、水、土壌を循環している。なかでも窒素の循環は、炭素や硫黄のそれとともに環境問題を考えるうえで重要だ。窒素化合物が大気中を輸送され日本に沈着するという観点から、アンモニウムイオンと硝酸イオンの沈着量の和を考え、アンモニウムイオン沈着量との関係をみると、ほとんどの地点では、硝酸イオンに比べアンモニウムイオンの割合が大きいことがわかるが、日本では硝酸イオンのほうがアンモニウムイオンより多い。中国の多くの地点では窒素の沈着量が一平方メートル当たり二〇〇〜三〇〇ミリ当量のレベルにあるけれども、日本では硝酸イオンが多いという事実と、どう関係しているのだろうか？

2 東アジアの大気汚染物質はどこから来る？——シミュレーションによる検討

(1) シミュレーションによる解析とは

観測によって、日本に硝酸イオンが降っているという事実はわかり、また中国で窒素化合物の沈着量が高いという事実はわかる。しかし、それらがはたしてどう関係しているのか、といったことはただ観測しているだけではわからない。

私たちの頭の上に降る汚染物質はどこから来るのか？　言い換えれば、東アジア地域における汚染物質の濃度や酸性沈着量の時空間の分布、あるいは、その生成・変質・沈着の過程を理解して、環境への影響やその変化を予測するには、理論モデルを用いたシミュレーションが有効である。

何度も述べたように、各種の発生源から排出されたガスやエアロゾル粒子は、風に乗って風下方向に移流しながら、水平および上下（鉛直）方向に拡散する。多くのガスや粒子は大気中で変質し、最終的には、雲や降水に取り込まれたり（湿性沈着）、風の乱れなどによって地表面に運ばれたり（乾性沈着）して、大気中から除去される。このように、汚染物質の一生を、①発生（排出）、②輸送（移流・拡散）、③生成・変質、④除去の四つのプロセスに分けてモデル化する（微分方程式などの数式で現象を表現する）ことで、大気汚染物質の移動シミュレーションが可能になる。図3-8は、その概要をフロー図として示したものである。シミュレーションを行うためにはいくつかのデータを用意する必要があるが、なかでも気象データと発生源データが重要だ。シミュレーションモデルは、これらのデータを入力して大気汚染物質の発生、輸送、生成・変質、除去過程を計算し、大気中の濃度と地表への沈着量を計算する。これらのモデル計算結果を実測データと比較することによって、モデルの再現性を評価

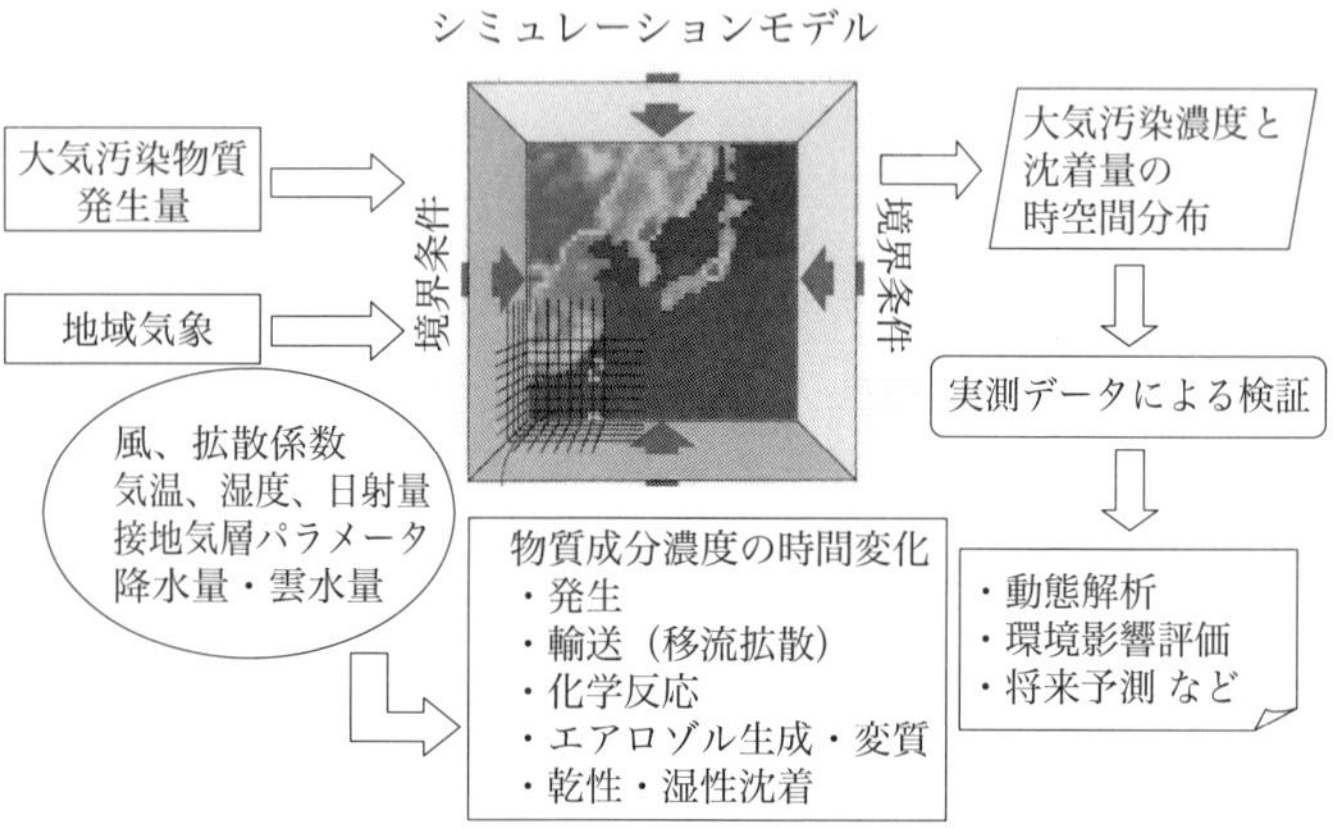

図3－8●大気汚染物質動態シミュレーションのフロー図

し、そのうえで、モデルの特徴と誤差をふまえつつ、大気汚染の時空間分布の推計や、環境への影響やその将来変化の予測などに用いるのだ。

大気汚染物質のシミュレーションモデルは、大気汚染物質の動きを、それぞれのプロセスごとに計算する複数のサブモデル——すなわち気象モデル、移流・拡散モデル、生成・変質モデル、沈着モデル——によって構成される。気象モデルは、観測された気象データをもとに汚染濃度計算に必要な時間や空間における各種の気象データ(風向、風速、温度など)を算出するモデルだ。移流・拡散モデルは、大気汚染物質の移流・拡散過程を計算するモデルであり、計算速度と計算精度に応じてさまざまな計算法が提案されている。生成・変質モデルは第2章で述べたような大気汚染物質の化学反応や粒子の生成・成長・消滅を計算するモデルで、一方、沈着モデルは、大気汚染物質の乾性沈着・湿性沈着による大気中からの除去量を計算するモデルだ。

さて、ここでは、CFORS (Chemical weather FORecasting System) というシミュレーションモデルを適用して、汚染物質の動態を再現する例を示してみよう。地上の主な観測値としては、「海洋大気エアロゾル組成変動と影響予測」プロジェクト(VMAP)での測定結果を用いたが、VMAP観測点は、概ね東経一四〇度線に沿って、北緯二五度の父島から、八丈島、佐渡、そして北緯四五度の利尻島まで四つの島に設けられている。これらの島は直線距離で約二〇〇〇キロメートルごとにあり、それぞれが異なる気候帯に属し、越境汚染の程度も大きく異なっているので、いろいろな意味で条件がよい。

図3－9に、それぞれ、利尻島と八丈島の二〇〇一年四月のダスト（黄砂）、硫酸塩、ラドン（放射性のガスと粒子）、一酸化炭素（利尻のみ）の観測とモデルの比較を示した。図中の黒丸が観測値、実線がモデル値だが、図を見ればおわかりいただけるように、かなり再現性がよい。特に八丈島でよく一致している。図から利尻では九九～一〇三日（元日からの日数で四月九～一二日）、八丈では一〇二～一〇五日（四月一二～一五日）で大規模なダストと硫酸塩などの越境輸送が見られると考えられる。巻頭カラー口絵1は、同じ期間に越境輸送された物質の水平分布を示したものだが、非常に大きなダストの気塊が寒冷前線の背後に広く分布し、低気圧と前線が東に進むのに伴い、大陸から朝鮮半島、日本列島へと流れ出す様子がよくわかる。ダストの気塊の東進は高緯度ほど速く、西日本ではその到来が利尻よりも一～二日程度遅い。また、ダストの高濃度域の前面には硫酸塩の高濃度域が存在し、ダストが硫酸塩に数時間の遅れをもって日本に飛来することが鮮明に示されている。

ところで、図中のMで示された領域は、三宅島火山からの二酸化硫黄の排出に起因する硫酸塩の高濃度域だ。硫酸塩が、日本南部を東進する低気圧に吹き込む東風域に入り、日本海を西進していく様子が明らかである。この火山性の硫酸塩の高濃度は長崎県の福江島でも観測され、三宅島の火山性ガ

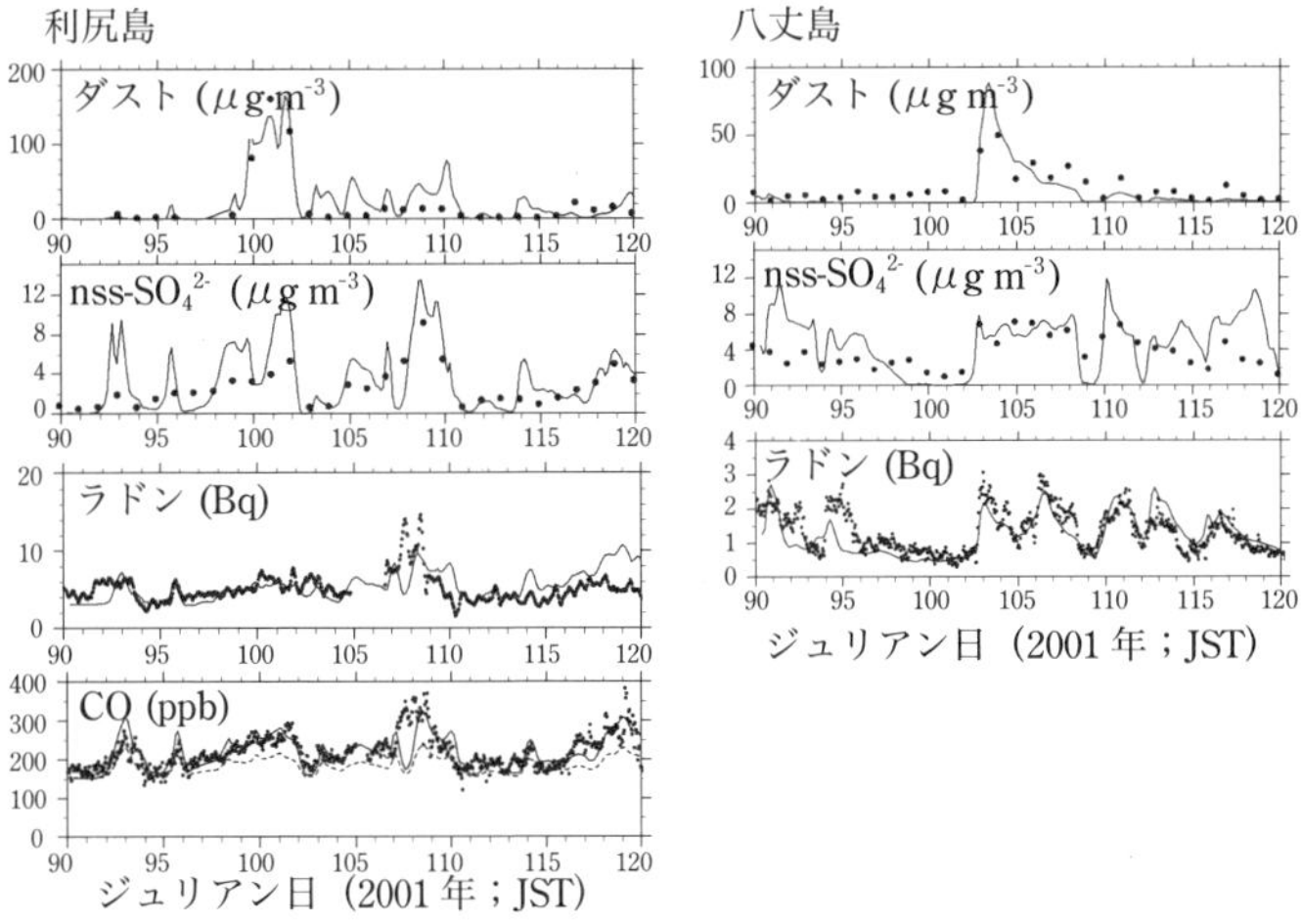

● ：観測結果
実線：モデルの結果

図3-9●利尻島と八丈島における観測とシミュレーションモデルとの比較(2001年4月について)。ジュリアン日とは1月1日からの日数を意味する

スの影響が気象条件によっては非常に広範囲に及ぶことがわかる。

(2) 酸性沈着のシミュレーション

東アジアでは、人口が集中し一〇〇〇万人を超えるような巨大都市(メガシティと呼んでいる)から排出される人為起源の大気汚染物質の量が、一九八〇年代後半から著しく増加して、酸性雨、エアロゾルや対流圏オゾンの増加などの環境問題を引き起こしている。特にアジア大陸の風下に位置する日本列島はその影響を強く受けているだけに、発生地域と沈着地域の関係を把握し(これをソース・リセプター解析という)、対策を講じることが急務なのだ。そこで、硫黄酸化物と窒素酸化物について、その発生・輸送・沈着過程をシミュレーションで計算し、ソース・リセプター解析した結果について紹介しよう。

ここでは、シミュレーションモデルとして、地域気象モデルRAMS(Regional Atmospheric Modeling System)と物質輸送モデルHYPACT(Hybrid Particle And Concentration Transport Model)を組み合わせて用いる。まず、地域気象モデルによってアジアスケールの気象を計算し、次に、地域気象モデルで計算される各種の気象水象(雲、雨など)データと発生源データをもとに、物質輸送モデルHYPACTによって硫黄酸化物と窒素酸化物の大気中濃度と乾性・湿性沈着量を計算する。ソース・リセプター解析では発生源を五〇に区分して（四九地域と火山）、各区分の発生量と沈着量の関係を推計した。

図３－10は、非海塩性の硫酸と硝酸の湿性沈着量、乾性沈着量、全沈着量の年間分布を示したものだ。当然のことだが、湿性沈着量は降水量に強く依存するから、中国大陸内部の発生源地域に比較的近い多雨地域で湿性沈着の量が多い。日本周辺では日本海地域および九州西部地域などにおいて湿性沈着量が多いが、これは、冬の北西季節風によって、中国大陸で大量に排出された二酸化硫黄と窒素酸化物が長距離輸送され、降雪によって日本列島の日本海側に沈着するためと考えられる。一方、乾性沈着量は発生源地域で多く、その地域から離れるに従って減少する。

日本での硫酸沈着量の発生源別割合を図３－11に示したが、日本全国で沈着する汚染物質を発生源地域別にみると、中国が四九パーセントと最も多く、次いで日本二一パーセント、火山一三パーセント、朝鮮半島一二パーセントの順となっている。このように、日本に沈着する汚染物質の半分は中国からの影響を受けたものであり、なかでも中国華北の影響が二〇パーセントと非常に高い。日本と同様、朝鮮半島においても中国からの影響は五二パーセントと高いことがわかっている。

もう少し細かく日本国内を地域別にみると、北海道や東北では中国からの影響の割合がそれぞれ六三パーセント、五四パーセントと高い。一方、大きな工業地帯すなわち二酸化硫黄発生源地域を抱え

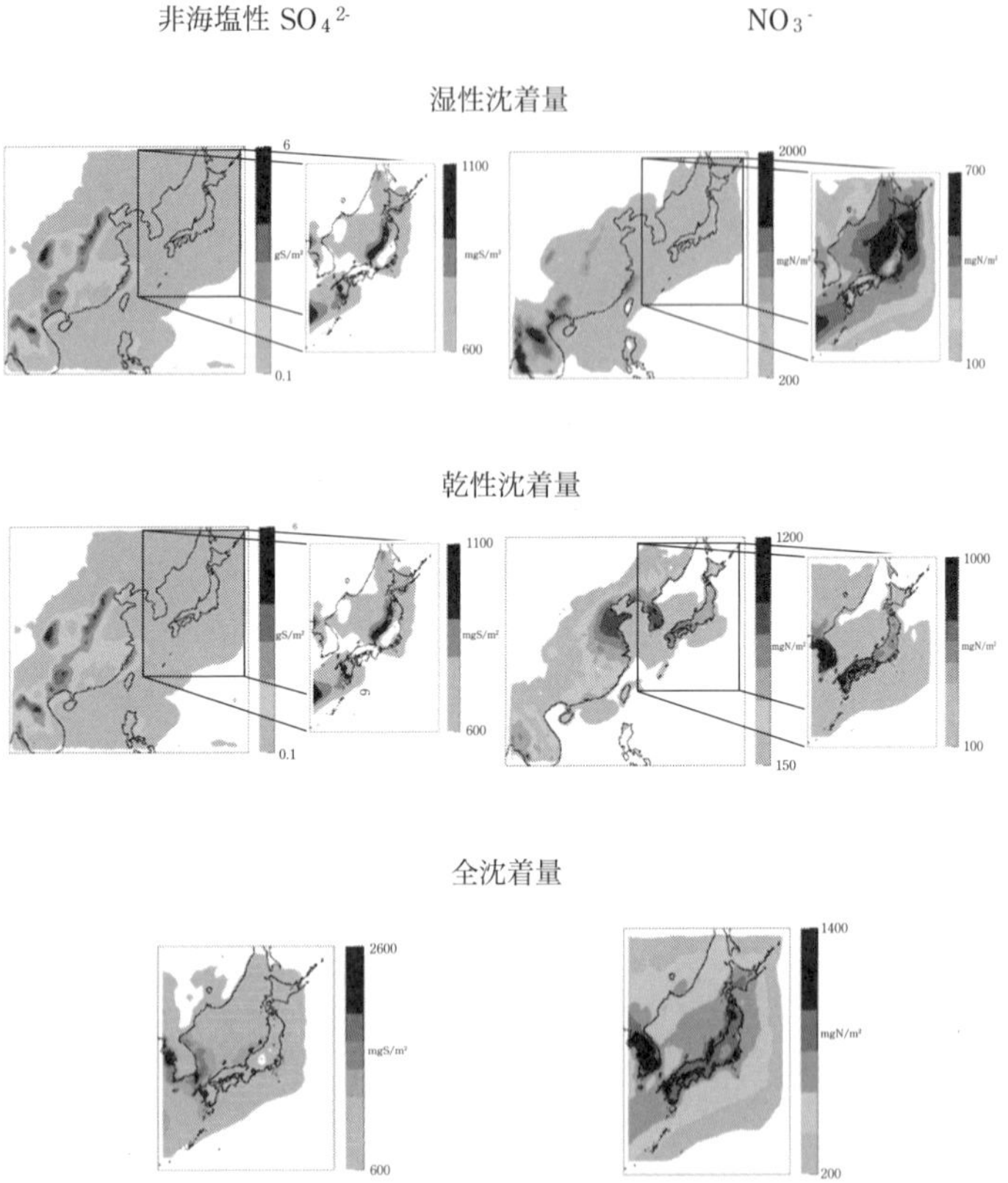

図3 - 10 ●非海塩性硫酸塩と硝酸塩の湿性沈着量、乾性沈着量、全沈着量の年間分布

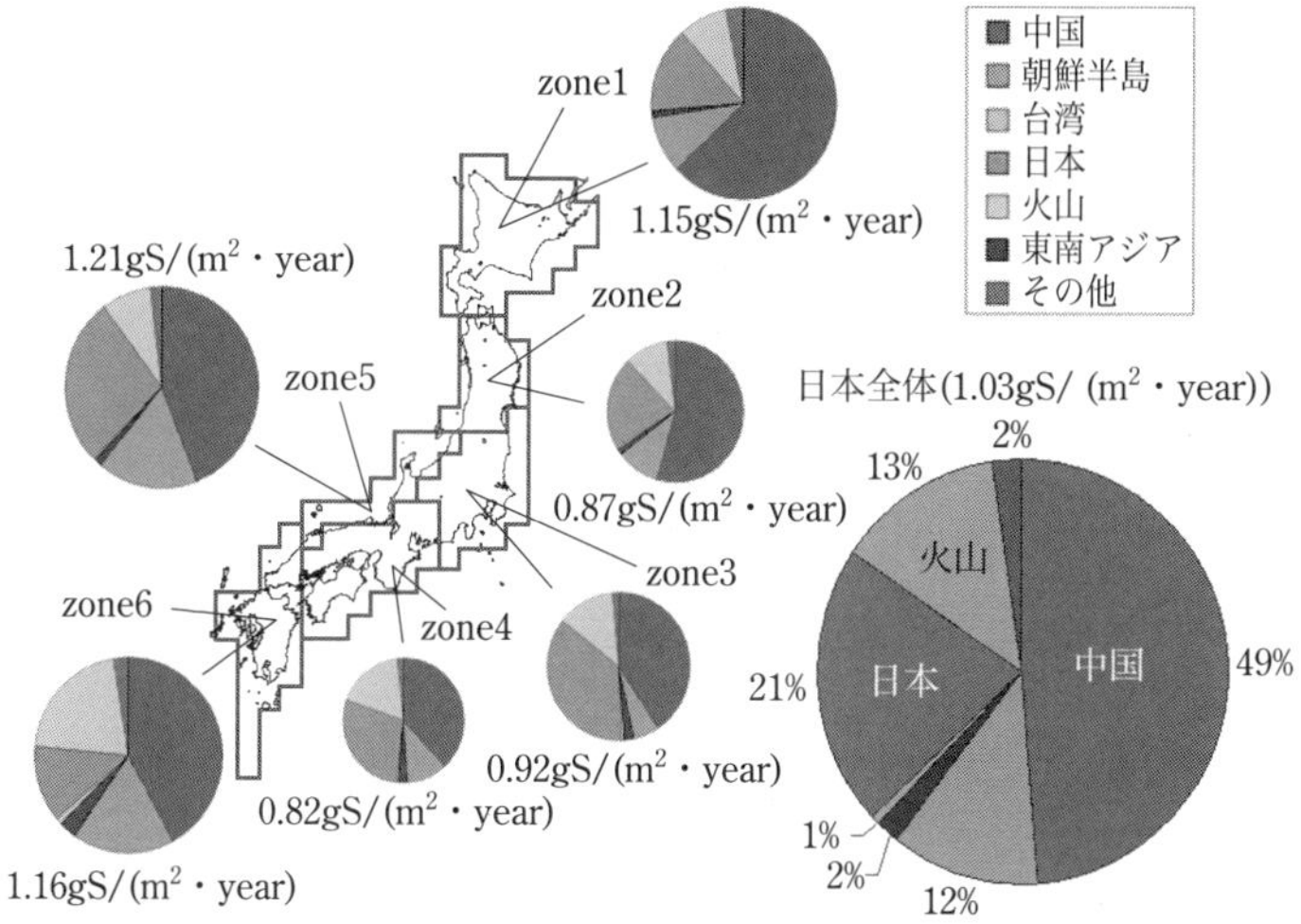

図3-11●わが国における非海塩性硫酸塩の沈着量を発生源地域別の割合で示したもの

ている中部・関東や中国・四国・近畿では自国の影響が高く、その割合は三六パーセントと二八パーセントである。また、九州や中国・四国・近畿では桜島などの九州の活火山の影響を受けるため火山の影響が大きく、その割合は約二〇パーセントになる。

このように、観測とシミュレーションを組み合わせることで、東アジアの大気汚染物質の動態と環境への影響が、手に取るようにわかってくるのだ。

3 海を渡る黄砂

もちろん、私たちの暮らしに影響を与えるのは、人為起源（なかでも工業化による）の大気汚染物質ばかりではない。自然起源（といっても、人間活動による砂漠化などを考えれば人為的な要素も少なくないが）として、アジア・太平洋地域を昔から悩ませてきた黄砂も非常に重要である。それだけに黄砂エアロゾル粒子の研究も、最も注目されている課題の一つなのだ。そこでこの章の最後に、東アジアの黄砂粒子の動きについて、紹介しておこう。

私たちが黄砂粒子を採集したのは、熊本県の天草高浜と、中国山東省青島市である（図3－12）。天

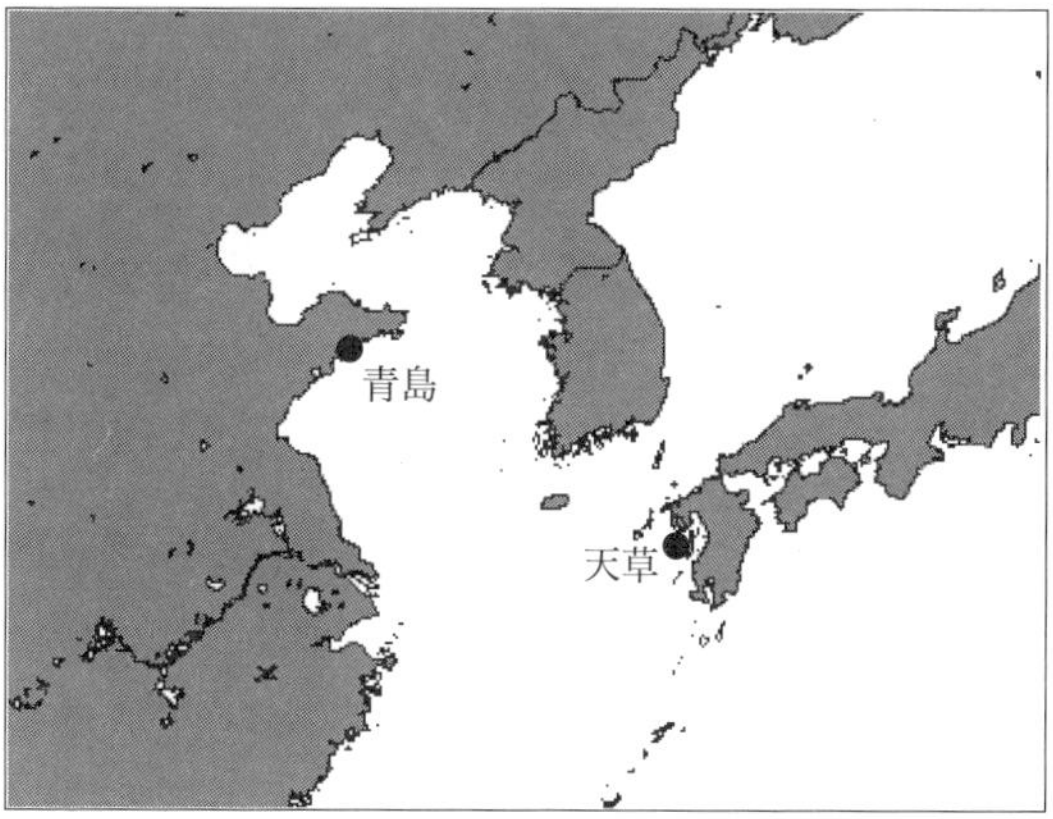

図3-12●黄砂粒子の採集場所

草は九州西部にあり、西側がすぐ海なので、偏西風に乗ってやってくるアジア大陸起源のエアロゾル粒子に対して日本列島の影響が小さい、サンプルを得るにはよい場所である。中国山東省青島市は、中国の華北地域の沿海都市で、これまでの研究によって、中国西北部で発生して西日本に飛来する黄砂はしばしば青島地域を通過してアジア大陸から離れることがわかっている。これらのことを総合的に判断して、熊本県天草と中国青島市が理想的な観測地として選ばれたのだ。

ところで、日本周辺に黄砂が現れると、空が黄色あるいは薄い黄色になり、遠くのものが見えにくくなる。その原因は、黄砂粒子によって太陽光が散乱されるためだが、では、その黄砂粒子はいったいどのようなものなのだろうか。図3－13は、天草で採集された黄砂粒子を走査電子顕微鏡で撮影したものだ。実際にほとんどの粒子の大きさは一マイクロメートル以上であり、形状について言えば、どの粒子も一定の規則をもつ形ではなく、さまざまな形がある。大気エアロゾルの分野では不整形という言葉がよく使われるが、まさしく形状は不整形である。元素組成でみれば、鉱物組成で典型的なケイ素（Si）、アルミニウム（Al）、カルシウム（Ca）、鉄（Fe）などの元素からなっていて、土壌からできた粒子であることが明確だ。また、鉱物元素以外に硫黄（S）や塩素（Cl）も検出され、このことは、これらの黄砂粒子が採集される前に人為的な汚染物質や海塩粒子の影響を受けたことを示唆している。

ところで、代表的な黄砂の発生源というと、中国西北部の砂漠地域がしばしば挙げられる。だが、そ

図3 - 13●日本に飛来した黄砂粒子の電子顕微鏡写真

うした場所の砂丘表面の粒子の大きさはほとんど〇・〇五ミリメートル以上で、組成は石英が圧倒的に多いことがよく知られているが、日本に飛来した黄砂粒子にはそのような組成のものは少なく、また、大きさもかなり小さく、粒というより粉といったほうがよい。そこで、中国大陸から飛び出す黄砂粒子と日本に飛来する黄砂粒子の違いを見てみよう。図3‐14は、中国沿岸都市青島市と西日本において採取した個々の黄砂粒子から検出された硫黄（S）、ナトリウム（Na）と塩素（Cl）の検出頻度――すなわち、一〇〇個の黄砂粒子を分析したとき、それぞれの元素を含む粒子の数――を示したものだ。中国沿岸地域では、人為的な汚染物質に関係する硫黄の検出頻度は平均で約二二パーセントで、この値は内陸の都市・北京市における黄砂粒子から検出される硫黄の検出頻度とほぼ同じレベルである。ただし、黄砂が降らないときの北京市の大気に漂う鉱物粒子から検出される頻度よりはかなり小さい。また、海塩の代表的な成分であるナトリウムと塩素の検出頻度は小さかった。これに対して、西日本に飛来した黄砂粒子の硫黄、塩素およびナトリウムの検出頻度は、それぞれ約九八パーセント、八四パーセント、八〇パーセントときわめて高い含有率を示した。

そこで中国沿岸地域で採集された黄砂粒子についてさらに詳しく分析すると、検出されたわずかな硫黄、塩素およびナトリウムは、大気中で粒子の表面へ沈着したもの、あるいは海塩との結合によるものではなく、もともと鉱物起源のものであると推定された。また、青島市で採集された黄砂粒子中

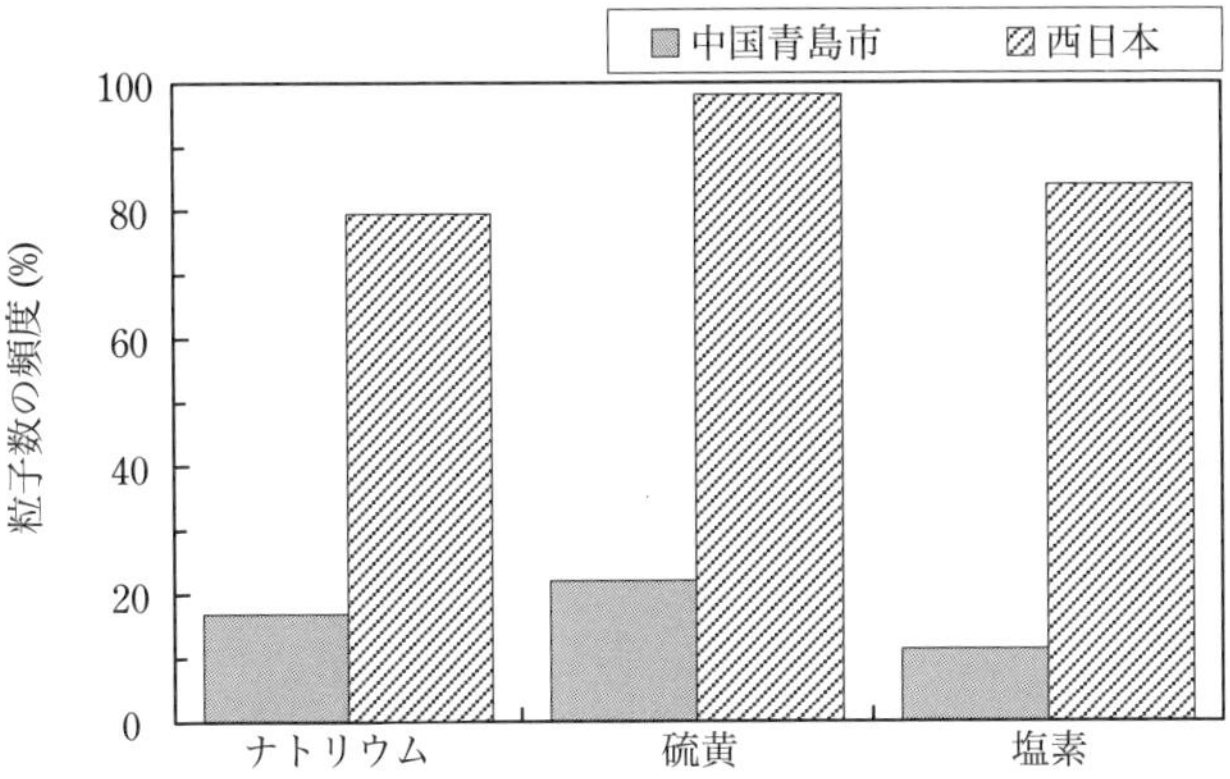

図3 - 14●中国青島市と西日本におけるナトリウム、硫黄、塩素を含む黄砂粒子の検出頻度

の約九〇パーセントの粒子は表面に人為的な汚染物質を含まず、黄砂粒子本来の姿を保ったまま大陸から離れることが確認された。つまり、中国の沿岸地域を通過している黄砂粒子は、人為的な汚染物質にあまり影響されておらず、海から受けた影響も小さいと思われるのだ。しかし一方で、西日本では代表的な人為的汚染物質である硫黄や、海からのナトリウムと塩素がよく検出されている。これはなぜか？

アジア地域で発生する黄砂は、強い低気圧が中国西北の乾燥砂漠地域を通過する際に引き起こすもので、寒冷前線により舞い上がった黄砂粒子は地表へ沈着しながら前線を追うようにして東へ移流・拡散する。北半球中緯度の低気圧は、寒冷前線の前方にある湿潤暖気団と前線後方にある寒冷気団が前線の移動に伴って混ざらずに、それぞれ独自の方向に動いていくという構造上の特徴を持っている。前線後方の乾燥寒冷気団は前線に沿って下降しながら西から東へ移動し、前線前方の湿潤温暖気団の下に潜り込む。同時に前線前方の湿潤温暖気団は上昇しながら、南西から東北へ流れる。そのため、中国西北部から来た黄砂は、沿岸地域に到着するときには地表付近での存在位置が前線の後方にあるのに対して、地元や中国南部の工業地帯から来た人為的な汚染物質の存在位置は前線の前方にある。つまり、中国沿岸から大陸を離れる黄砂粒子と人為汚染物質は、それぞれ隔離されている気団の中に含まれていて、異なる方向に向いて大陸から流れ出すことになる。北京市や青島市における黄砂粒子があまり汚染されていなかったのは、そうした隔離された状態に起因するものと考えられる。

しかし、黄砂粒子が大陸を離れると、日本に到着するまでの間に何らかの原因で汚染物質や海塩粒子と混合してしまう。つまり、大陸から離れたときの気団の隔離状態が海の上で崩れて、黄砂粒子はさまざまな物質を吸着した粒子になるものと思われる。このように、黄砂粒子が海洋部の大気中を拡散する途中で起こす変化の一つは、海塩粒子との結合によって海塩を含んだ黄砂粒子（混合粒子）になることである。

ところで、日本や北太平洋、アメリカの西海岸などのさまざまな場所で黄砂粒子を観測すると、黄砂粒子の大きさはほぼ同じである。しかし、この現象は、重力沈降の理論、すなわち大気中の大きな粒子は重力のせいで小さな粒子より速く地表に落ちるため、発生源でさまざまな大きさを持っていた粒子は、発生源から遠く離れるたびに、小さい粒径となるという予測と矛盾してしまう。

そこで私たちは、次のような仮説で、この事実を解釈しようと思っている。すなわち黄砂粒子が大気中に拡散する際、拡散できる黄砂には大きさに限界（臨界拡散粒径と呼ぶ）が存在する。海洋大気中に拡散している黄砂粒子は、海塩と結合することによって成長し、大きさがその臨界拡散粒径より小さい場合には水平方向に拡散するが、臨界拡散粒径より大きくなると素早く地表に落下してしまう。その結果、海洋大気中の海面付近のどの地点でも、黄砂粒子は臨界拡散粒径のものが最も多いのだと考えるのである。つまり、アジアの風下方向の海洋大気中で観測される黄砂粒子は、もとの黄砂粒子ではなく、黄砂粒子と海塩粒子の結合に伴う小さい粒子の成長と大きい粒子の除去の結果だ、と考えるのだ。実は、北アフリカのサハラ砂漠の砂嵐に起源を持つ砂粒が大西洋を越えて北アメリカまでに輸送・拡散する際にも、同じような観測結果が見られるのだが、これも私たちの仮説で解釈できるのである。

このように、黄砂といっても、その発生から日本への飛来の仕組みは単純ではない。そこで次章では、観測という立場からもう一度エアロゾルの性質を詳しく見て、複雑なエアロゾルをいかにとらえるか、その現場の話を紹介することにしよう。

第4章 エアロゾルをつかまえるのは大事業

これまでの章で見たように、もともとエアロゾルは粒径も性質もさまざまであるうえ、陸を越え海を越え、非常に長い距離を移動する。しかも移動する中で、化学的・物理的に複雑に変化していく。それだけに、地球規模でエアロゾルの動きをとらえるには、一つの方法では難しく、かつ地上での観測だけではなく、船や飛行機、気球、はたまた人工衛星など、さまざまな手段と方法による観測が必要になる。しかも、短期的に集中した観測と同時に、観測点を定めて長期にモニターすることも大事なのだ。

第3章でいくつか紹介したように、東アジア地域でのエアロゾル・大気汚染の解明のためには、最大の発生源地域である中国の影響を解明することは必要不可欠なのだが、中国はあまりに広大なうえ、必ずしも科学調査に必要な社会基盤が十分整っていないことから、これまで中国での観測は不可能とされてきた。そこで私たちは、主として飛行機を使って観測する方法をとりながら、この航空機観測とできるだけ同じ時期に、さまざまな方法、具体的には観測船、ライダーネットワーク（後述）、無人飛行機、人工衛星、さらに高山山頂での観測、大都市域における地上観測などを行って、東アジアの大気エアロゾル現象を総合的にとらえる研究を行ってきた。この章では、苦労話も含めて、そうした観測の現場の様子を紹介しよう。

1 山に吹く風、「世間の風」——地上で観測してみると？

(1) 富士山頂での観測

日本一の山、富士山の山頂は年間を通してほとんどの期間、「自由対流圏」と呼ばれる、地表面の影響が小さく汚染物質などが長距離にわたって輸送される上空の大気の条件を満たしている。つまり、観測のベースラインとして最適なわけで、私たちも一九九〇年から、当時設けられていた富士山測候所の一部を借用して観測を続けてきた。しかし、東アジア規模の広域観測・研究のために国の大きな予算がつき、本格的な研究が始まろうとした矢先、富士山測候所は気象観測の拠点としての使命を終え、レーダードームも撤去され、無人化されることが決まってしまった。

私たちは、大気化学の観測地点として、富士山頂にある測候所は航空機観測を補完し、有用な観測地点であると主張したのだが、いわば「店子」の悲しさ、気象業務ではない「研究観測」の立場は弱く、二〇〇三年の一〇月には、気象庁から、「次年度に無人化するので、観測装置も撤去してほしい」と打診される有様だった。そこで、著者の一人である土器屋由紀子教授を中心に各所に働きかけ、二〇〇七年からは、研究者によるNPO法人「富士山測候所を活用する会」が気象庁の庁舎の一部を借用する形で、大気化学観測が曲がりなりにも再開されている。まさしく、エアロゾル研究者と大気環境研究者の運動の成果と言えるし、科学者にとっては、単に学問をするだけでなく、「世間の風」を見ることも大事だという教訓を伝えるためにも、ここでは、富士山頂で観測したデータだけでなく、測候所利用に関わったエピソードも紹介することにしよう。

富士山測候所での気象庁のレーダー観測が終了したのは一九九九年、それまでレーダー観測準備室として使われていた施設が、私たちの大気化学観測用に開放された。その当時の大気化学観測室の風景が図4－1で、また図4－2は測候所の簡単な平面図である。円形の部分はかつてレーダードーム

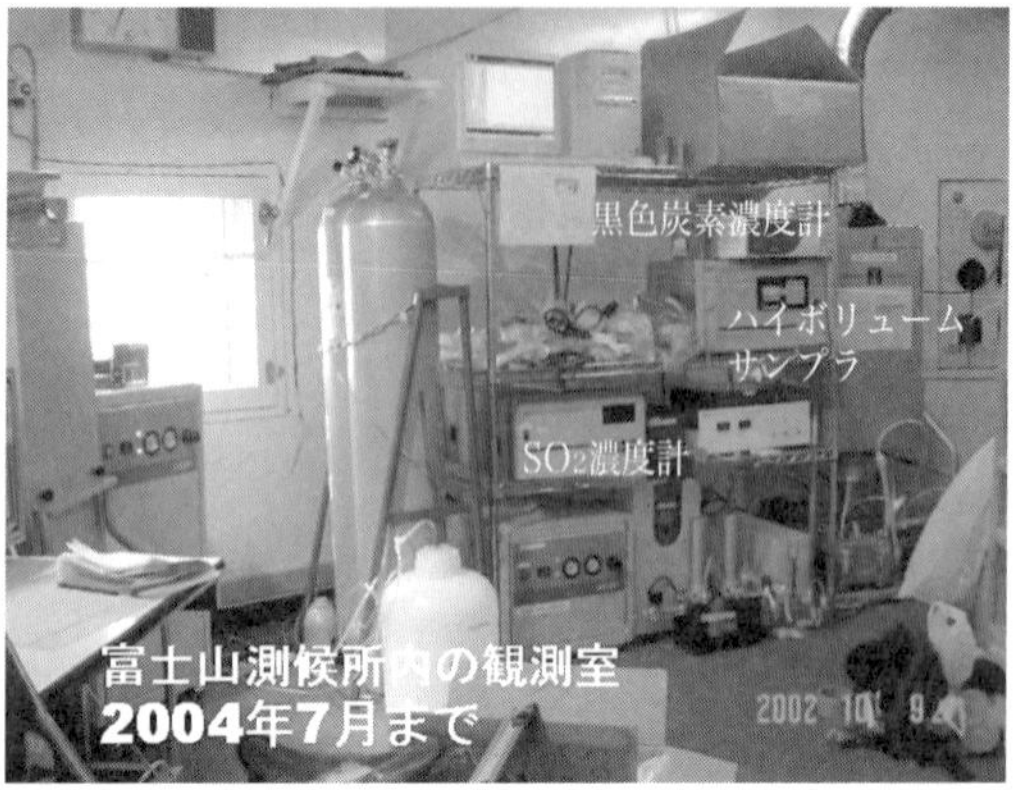

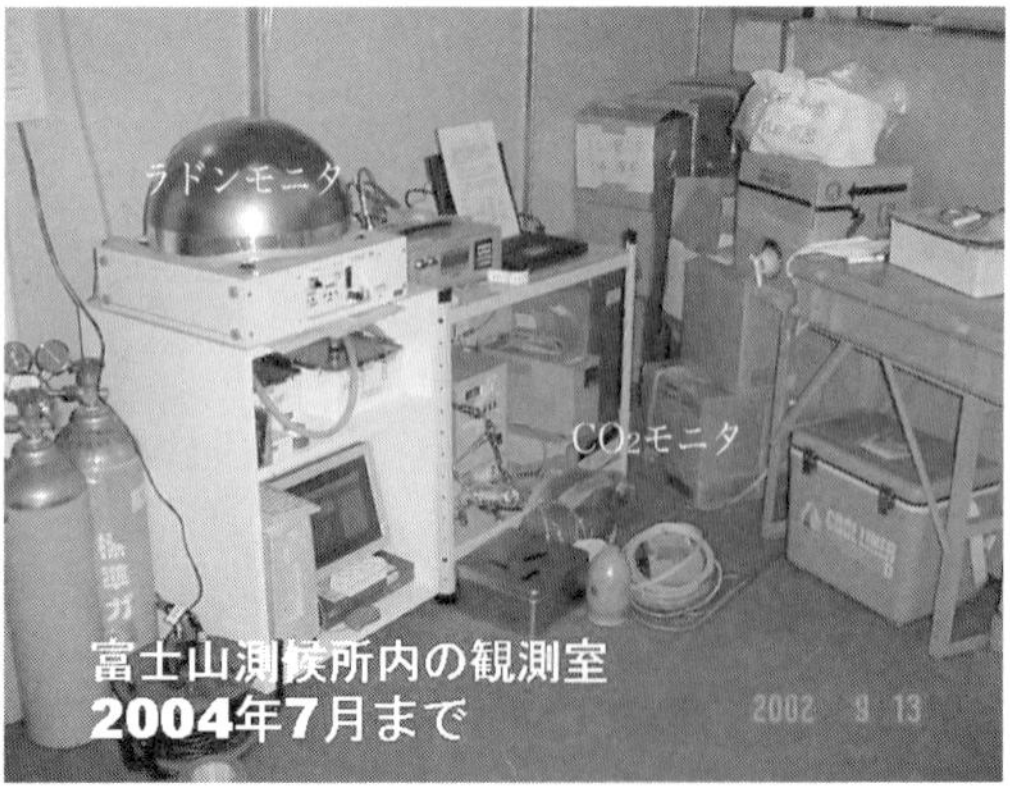

図4-1●富士山測候所内の観測室。白抜きの文字は、機器の名前

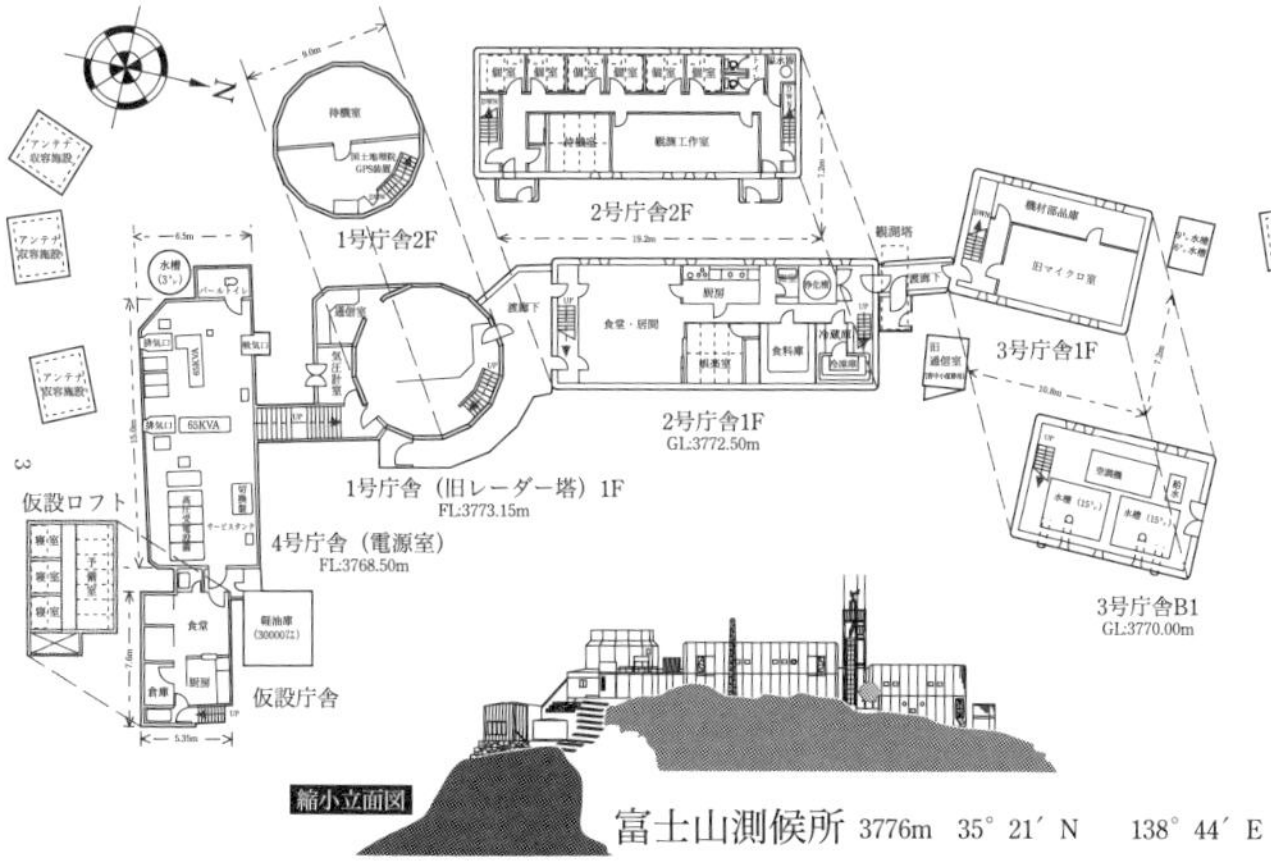

図4-2●富士山測候所の見取り図

を支えていたが、今は簡単な屋根が設置されている。この下の部屋に各種計測装置が置かれ、観測が行われていたわけだ。当時すでに測候所を無人化するという噂はあったが、二〇〇〇年に大規模な噴火を起こした三宅島の噴煙が、環境に影響を与えていることが明らかになり、エアロゾルの化学成分など連続観測による新しい事実もわかり始め、観測サイトとしての有用性から長期観測への期待も大きく、噂を深刻に受け止めていなかった。

二〇〇三年になると、五月にシベリアで大規模な森林火災が発生し、札幌辺りまでその噴煙の影響がみられ、富士山頂でも観測していた産業技術総合研究所の兼保直樹主任研究員によると、明らかに黒色炭素（BC、スス）のピークが認められた。有機炭素（OC）などの濃度も同調した増加を示し、フィルターで捕集した粒子状の有機物の組成からも森林火災によって放出された物質であることがわかった（図4-3）。ところが、山頂でのオゾン濃度の増加はBCやOCの濃度増加より六時間ほど遅れて観測され、地上（つくば・東京）からのライダーによる観測により煙の層の高度が低下しつつあることがわかった点とあわせて、煙の層の上に高い濃度のオゾン層が重なった二層構造で物質が輸送されているのではないか、と考えられた。今後、さらにおもしろい現象がつかまえられるのではないかという期待が膨らんでいた。ところが、その年の一〇月になって突然、気象庁から、「二〇〇四年には測候所を非常駐化する」という予定が伝えられた。これは、私たちとって衝撃で、せっかく新たに始め

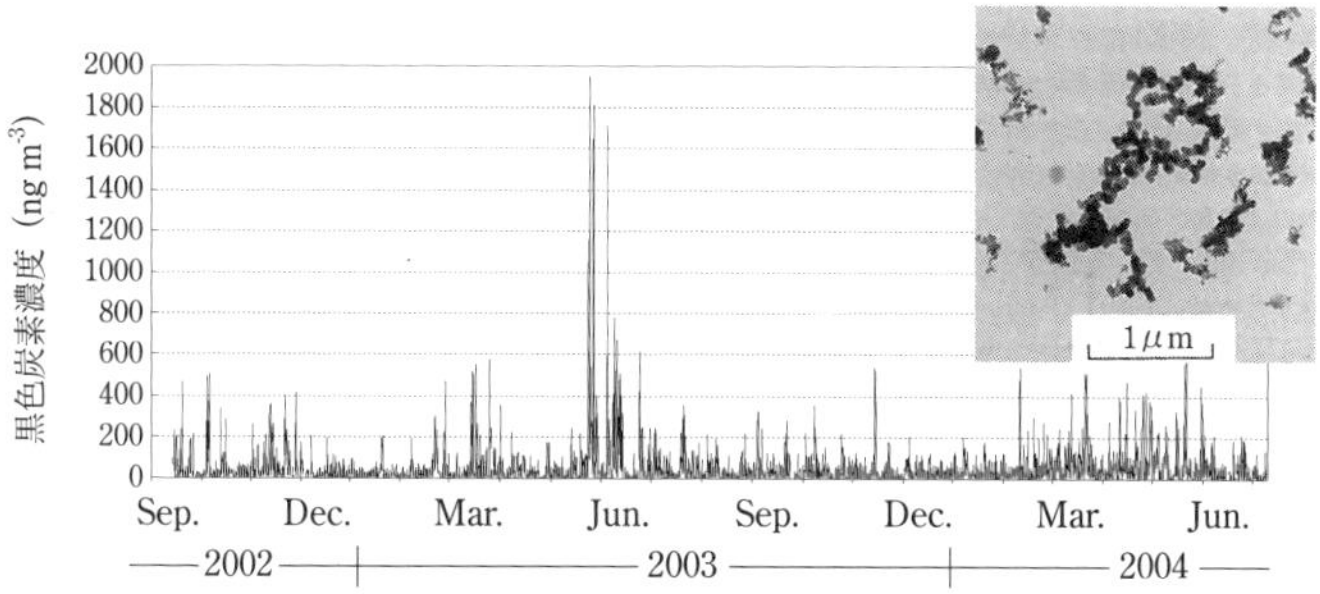

図4-3●富士山頂における黒色炭素濃度の季節変化

た二酸化硫黄、ラドンなどの観測も中止の止むなきに至る。何とか無人化を阻止したいと、国際シンポジウムでの緊急アピールを出したり、署名活動を行ったりしたが、気象庁の方針を変えるには至らなかった。

そんな中、二〇〇四年六月、測候所に常駐スタッフがいる体制の中で最後になる集中観測が行われた。気象庁の撤収作業が進む中、急遽、無理を言って行った観測の様子は今でも思い出すたびに感動するが、それについては、別の文章に書いたこともある（『変わる富士山測候所』、春風社）ので、ここでは省略する。このときは、ちょうど大型台風が勢力を増しながら本州に接近していたが、六月二〇日早朝から台風の影響が出始め、二一日には山頂でも強風と大雨に見舞われた。台風が通過した後、計測装置を撤収し無事観測を終えたが、その間にたくさんの降水試料が得られ、三七〇〇メートルの高山山頂でも普段より海塩粒子の影響が大きいことが示された。しかし測候所の撤収は進み、富士山測候所に以前から設置していた観測装置とともに、私たちが連続観測を行っていたオゾン計その他の装置も、すべて撤収された。

その後私たちは「富士山高所科学研究会」を立ち上げ、二〇〇五年五月には測候所を使った研究の発表会を行い、また静岡および東京で市民向けの集会を行った。同時に気象庁はじめ、環境省、文部科学省、国土交通省、静岡県、山梨県などへ陳情活動を行ったが、観測地点としての重要性や将来性は認めるものの、「引き受けましょう」という答えはどこからも得られなかった。二〇〇五年からは富士山測候所は気象庁の職員が夏季に駐在するだけの施設となったが、その夏にも、標高一三〇〇メートルの太郎坊を中心に大気化学観測が行われた。

「富士山高所科学研究会」は後にＮＰＯ法人「富士山測候所を活用する会」となり、曲折はあったが二〇〇七年の夏にはＮＰＯ法人が測候所を借用し、管理運営することになった。歴史的建物でもある測候所は取りつぶしをまぬがれ、自由対流圏の観測施設としてしばらくは利用できることになったが、まだ、夏季二カ月の観測がやっとで、年間の観測を維持するには資金難などの多くの問題が残っている。東アジアの大気汚染が深刻になると予測されている折、アジアには新しい山岳観測施設が次々と立ち上がっている（台湾Lulin山、中国Waliguan山など）。そうした中で、富士山の観測が行えなくなるのは、あまりにも深刻だ。本書の目的から言えば、やや脱線した話になったけれど、読者には、エアロゾル研究の意義と同時に、その研究を支える取り組みもまた重要であることを知っていただきたい。

（2）沖縄の炭化水素

さて、話は夏も涼しい富士山頂から、常夏の（というと大げさだが）沖縄に飛ぶ。

大気中にはさまざまな微量気体が存在しているけれど、エタンとかメタンといった炭化水素類もその一種で、光化学反応の重要な原因物質の一つになっている。炭化水素類は炭素数が一個のメタン（CH_4）から始まって多数の炭素を含むものまで数々あるが、ここでは炭素数二個のエタン（C_2H_6）を取り上げる。エタンは天然ガスや石油ガスの成分で、重要な石油化学原料だ。エタンは主に人間活動によって大気中に放出されるから、その発生源地域は都市・工業地域と重なるものの、炭化水素のなかでも比較的反応性が低く（他の物質と反応しにくく）、大気中での寿命も一カ月程度とけっこう長いため、風によって発生源から遠く離れた沖縄のような地域にも運ばれてくる。図４‐４に、沖縄本島最北端の辺戸岬近くで二〇〇三年春に測定したエタンの濃度変動結果を示す。

エタンの測定は、ＦＩＤガスクロマトグラフという装置を使って行われる。三時間ごとに大気を約四〇〇ミリリットル採取して、その中の炭化水素成分を計測するのだ。図からは、五月から六月にかけてエタンの濃度が全体的にゆるやかに減少していることがわかるが、また、この期間にはかなり大きな濃度の変動も見られる。実は、エタンは北半球では冬場一～二月に濃度が極大になり、夏場七～八月に濃度が極小になるという大きな季節変動の傾向を持つ。これは主として大気の光化学活性の違いによるもので、夏場には、な大気中でエタンの光化学反応が活発化し、相対的に大気中濃度は低下する。沖縄でこの期間に全体的にゆっくりとした濃度減少が見られるのは、この傾向を反映したものだ。しかし、この減少傾向とは別に、図４‐４では五月一六日、二一日、三〇日、六月五日前後に大き

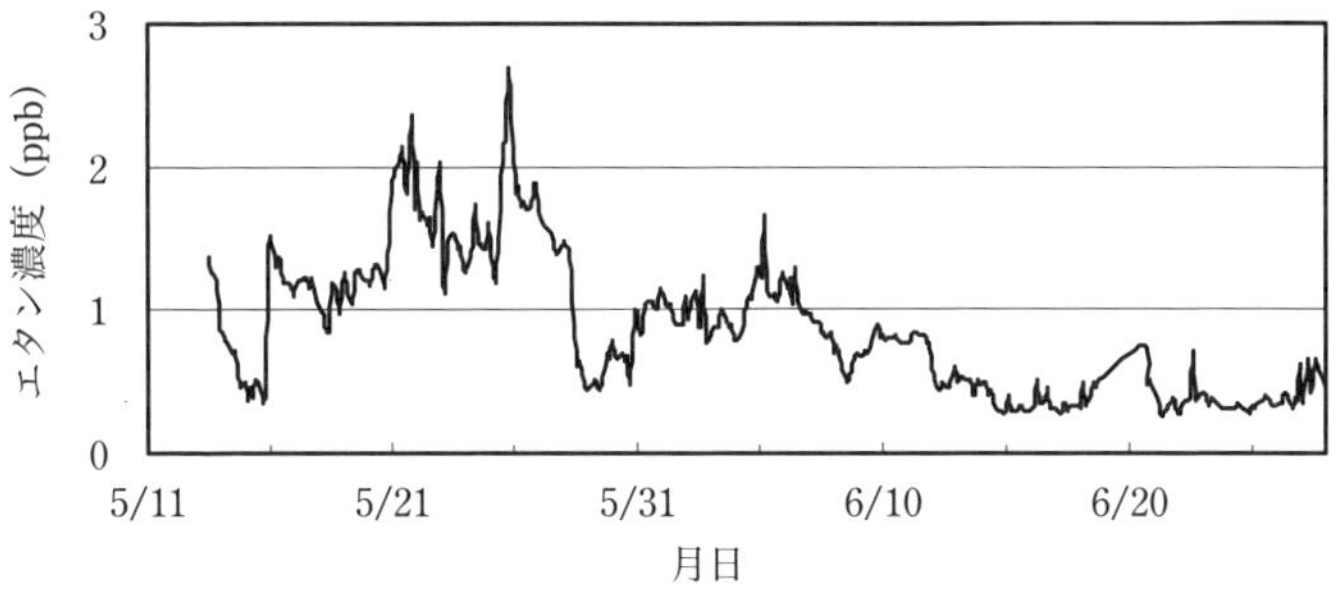

図4 - 4●沖縄辺戸岬でのエタンの測定（2003 年春）

な濃度増加が見られる。これは、中国大陸から大陸性高気圧が張り出してきて、それに伴って中国の汚染された都市大気がそのまま沖縄まで運ばれてきた結果だ。

五月二一日の沖縄辺戸の大気がどこから運ばれてきたのか、気塊の流れを追跡するモデルの一つ（NOAA-HYSPLIT モデル）で計算した結果が図4－5だが、中国大陸の中央部から輸送されてきていることがよくわかる。このように、春や秋には移動性高気圧が通過するのに伴って汚染大気が運ばれてくるために、大きな濃度変動が観測される。一方、五月二九日、六月三日前後の濃度低下は台風が沖縄近くを通過した際、南方の清浄な大気を運んできたためだ（図4－6）。そして、六月中旬以降になると比較的安定した低濃度になるのは、太平洋高気圧下の海洋性大気に沖縄がすっぽり覆われてしまうからである。海洋性の大気中にも陸上でできた成分が存在するが、放出されてからかなりの時間が経過しているために、相対的に濃度が低くなっているわけだ。

先の富士山の例もそうだが、高山や大都市から遠く離れた後背地にも、気象現象によって汚染物質の影響が及ぶこと、しかもその動態が日々刻々と変化することがわかっていただけたかと思う。

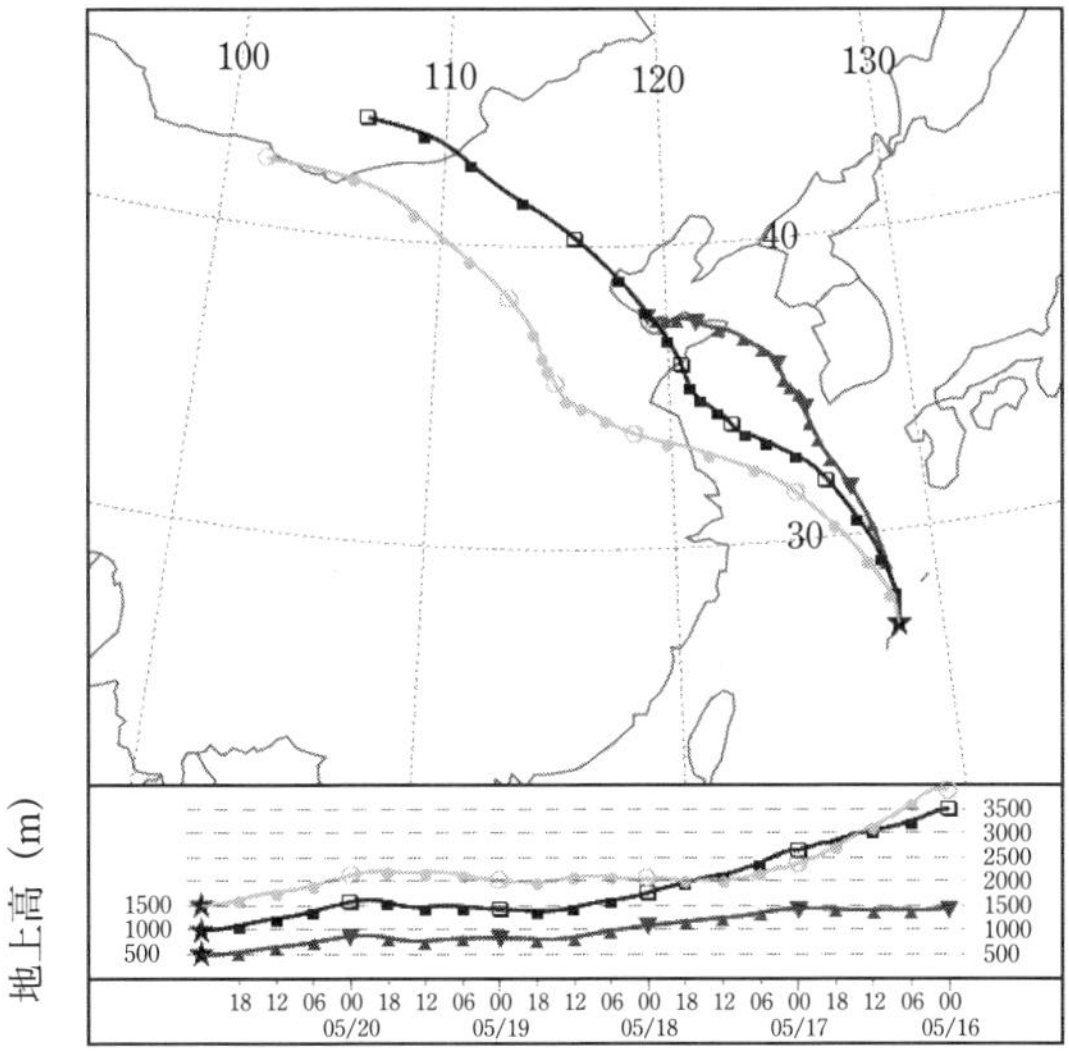

図4 - 5 ●沖縄辺戸岬でとらえられたエタン濃度が高くなるときの気塊の後方流跡線（2003年5月21日。アメリカ海洋大気圏局のHYSPLITモデルによる計算）

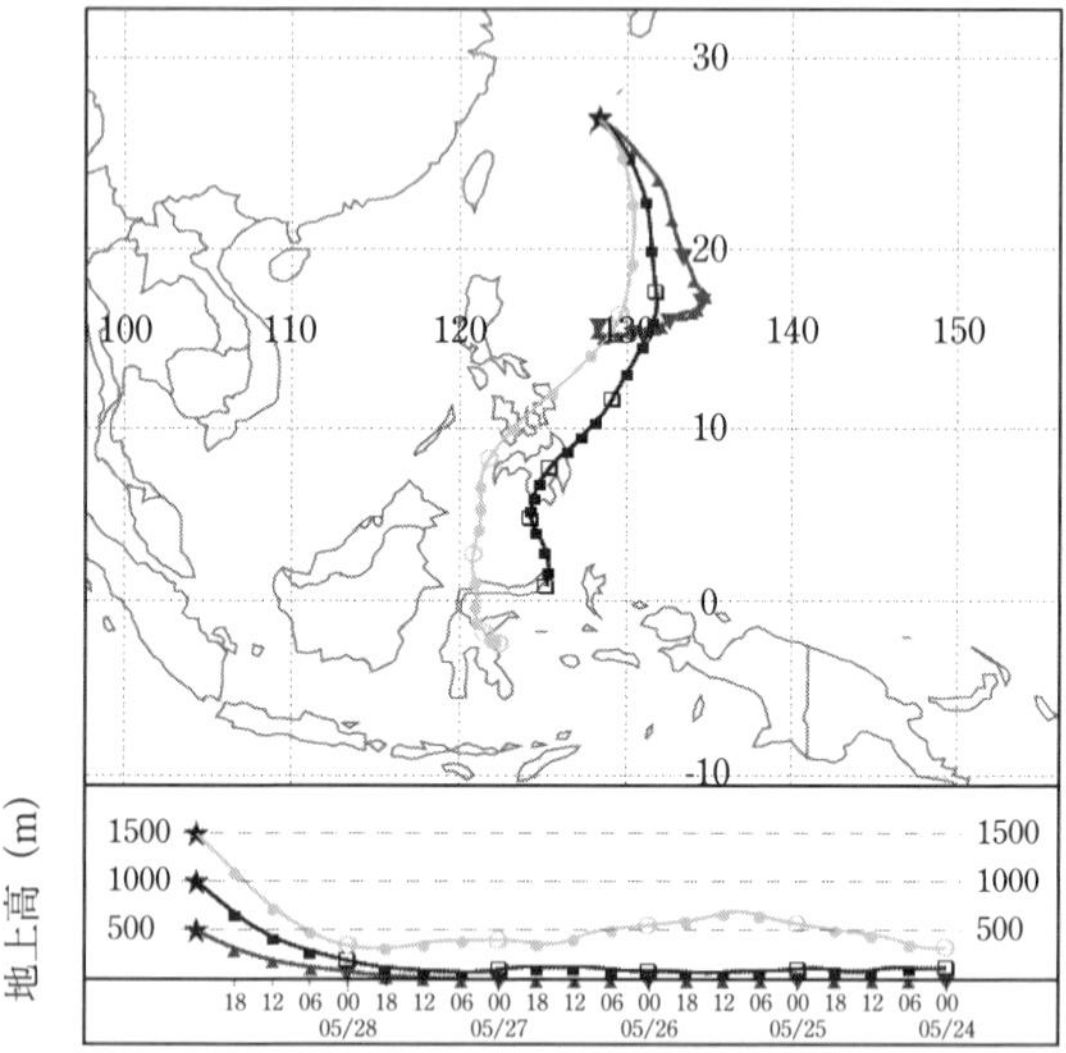

図4－6●沖縄辺戸岬でとらえられたエタン濃度が低くなるときの気塊の後方流跡線（2003年5月29日。アメリカ海洋大気圏局のHYSPLITモデルによる計算）

2　中国の空の有機エアロゾル——航空機から観測してみると

さて、地上での観測でもこの程度のことはわかるのだが、何といっても相手は大気中を漂っている物質だ。いわばその「生きた様」は地上にいるだけではわからない。

第2章で述べたように、シュウ酸、マロン酸、コハク酸といった低分子ジカルボン酸は、有機エアロゾルの主要成分であり、水溶性であることから水蒸気と相互作用しやすく、凝結核として雲の生成に重要な役割を果たす。つまり、雲の生成、降雪・降水現象に深く関与しているらしい。まさしく、雲の上の話だ。

いうまでもなく、雲のできる高さの大気を調べるなら、飛行機でその現場に上がればよい。そこで私たちは、中国沿岸域から内陸域にかけて、飛行機に観測機器を積んで飛び、水溶性有機エアロゾルの組成や濃度の高度分布について調べてみた。

飛んだのは、二〇〇二年の年末から翌年始にかけて（一二月二五日～一月六日）、二〇〇三年の夏（八月七日～九月一三日）、および二〇〇四年の春（五～六月にかけて）の三回である。いずれも中国製のYun-5BやYun-12型といった飛行機を使って、常州、上海、青島上空を含む東シナ海沿岸域（二〇〇二年末)、上海、常州、武漢、重慶、成都、沙市、新建など巨大都市の上空を含む沿岸から内陸域(二〇〇三年、二〇〇四年)の上空を飛んだ。試料採取は、飛行高度五〇〇メートルから四二〇〇メートルの間で、二~三時間の水平飛行を実施し、一日に同じ領域で二回行った。

表4-1は、そのとき採取されたエアロゾル試料中の有機成分の詳しい濃度値で、そこに並んでいる各物質の化学構造式を示したものが図4-7だが、航空機によって採取された試料中のジカルボン酸は、一般的に言えば、シュウ酸(炭素が二つ)が優位を示し、炭素数が増えるとともに、その濃度は減少する。しかし、夏の観測では、シュウ酸よりもコハク酸(炭素四つ)、グルタル酸(炭素五つ)が優位を示す場合も多く認められ、かつ夏に得られた試料中のジカルボン酸濃度の全量は、冬の試料に比べて数倍から一〇倍も高い。特に、フタル酸濃度が夏に高く、その平均値は冬の約二〇倍にもなり、しかもすべての試料で、フタル酸が最大を示している。また、夏には多くの試料で、コハク酸、グルタル酸、アジピン酸(炭素六つ)はシュウ酸よりも優位である。しかし、こうした分布は冬の試料では認められていないので、どうも夏の中国上空に特徴的なものらしい。実は、二〇〇一年四~五月には東シナ海、黄海、日本海の上空で航空機観測を実施したが、ジカルボン酸のこのような分布の特徴は得られていない。このような分布は、地上観測ではこれまで南極の夏の試料を除いて報告例がなく、今回の航空機観測ではじめて得られたものだ。また、夏の試料では、シュウ酸などジカルボン酸濃度は高度〇・

表4-1 中国上空で採取したエアロゾル（$PM_{2.5}$、粒径2.5 μm以下の微小粒子）中のジカルボン酸、ケトカルボン酸、ジカルボニルの濃度

化学種	2002 冬 (n=18)*		2003 夏 (n=15)*		2004 春 (n=16)*	
	濃度 ($ng\ m^{-3}$)					
	濃度範囲	平均	濃度範囲	平均	濃度範囲	平均
C_2	13-424	92	36-400	183	76-920	286
C_3	1-79	15	6.3-131	54	12-215	57
C_4	2-88	21	9.4-277	117	16-319	69
C_5	0.9-26	10	21-288	159	6.5-74	18
C_6	4-34	13	52-135	93	5.7-69	19
C_7	0.3-7	1.9	0-2.5	0.8	0-8.1	1.6
C_8	0-11	3.2	0-0	0	0-2.7	0.2
C_9	3-21	8.5	2-14	5.6	2.4-18	6.3
C_{10}	0-7	1.1	0.3-3.6	1.3	0-8.4	3.6
iC_4	0-4	0.9	1.2-5.9	3.7	1.1-12	4.9
iC_5	0.7-23	5.9	0.6-11	4.4	1.3-27	5.9
iC_6	0-2	0.7	0-1.3	0.4	0.4-5.9	1.2
M	1-11	5.7	1.8-12	6.5	3.3-22	9.4
F	0-6	1.4	0.1-3.9	1.7	0.5-8.4	3
mM	1-8	4	2.3-15	6.3	2.2-18	7.4
Ph	10-167	71	768-2560	1592	158-675	359
iPh	1-17	5	0.6-11	3.4	0-9	3.5
hC_4	0-13	1.9	1.7-12	5.3	0-9	1.9
kC_3	0-26	5.1	0.4-9.2	4.2	0-23	5.6
kC_7	0-4	0.6	0.4-8.2	3	0-19	4
t-Diacids	52-873	262	1207-3270	2248	334-2410	877
ns-C_2-C_{10}	31-678	166	129-1160	615	125-1630	462
ωC_2	6.7-128	30	8.1-90	37	8.3-145	46
ωC_3	0-2	0.5	0.1-9.7	3.3	0.1-1.1	0.5
ωC_4	0.6-35	7.5	0-23	8	6.8-39	15
ωC_9	0.2-5.5	1.8	3.4-36	11	0.3-21	5.8
Pyr	0.7-36	10	0-9.6	2.9	0.1-11	2.1
t-Ketoacids	14-205	55	18-130	63	15-217	69
Gly	0.6-205	4.4	0.7-15	4	0.2-9	2.3
MeGly	2.5-24	7.6	0.6-28	10	0.8-27	7.4
t-Dicarb.	3.1-47	11	1.3-43	14	1.7-36	9.8

* n はデータ数を示す。

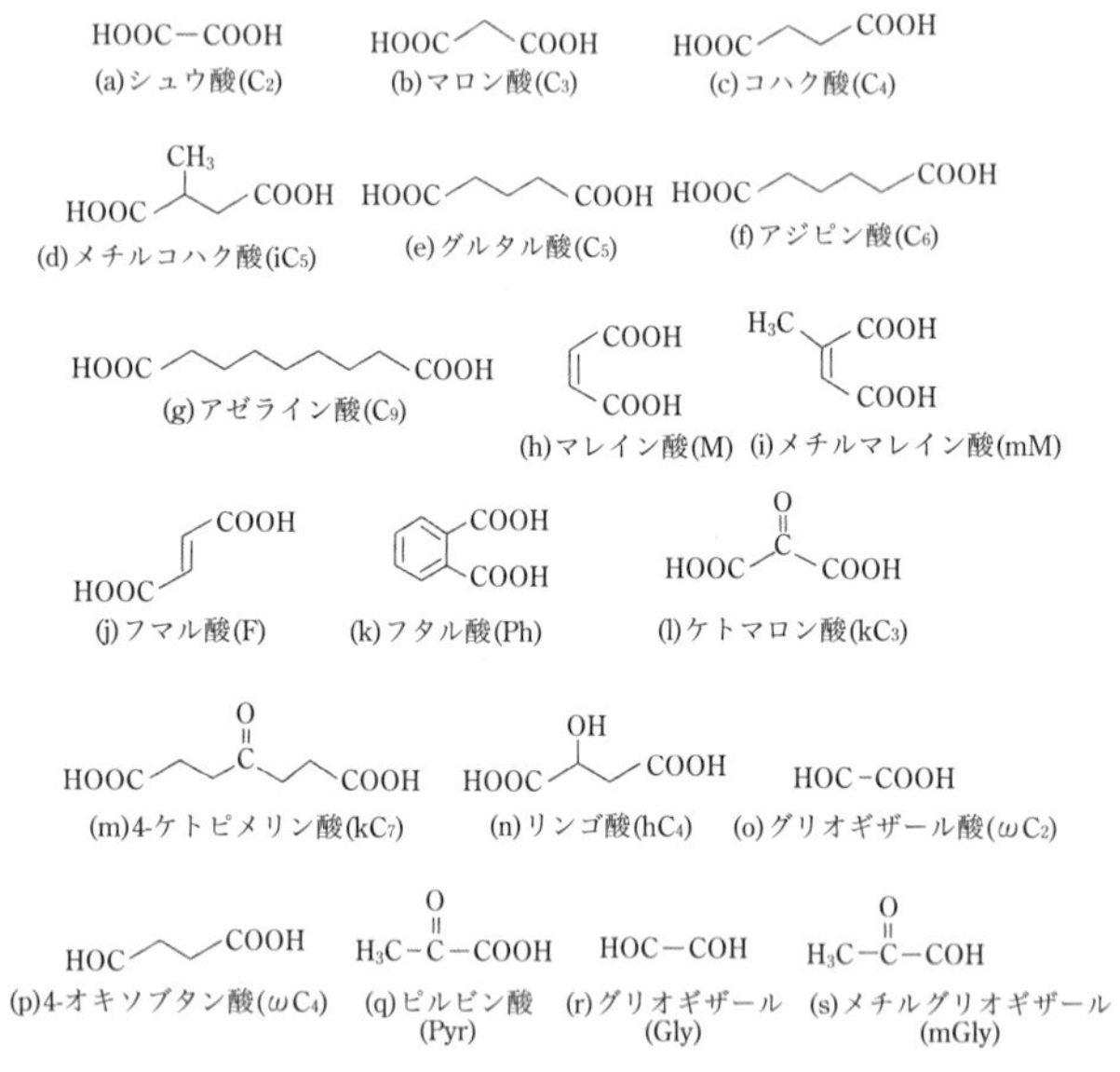
(a)シュウ酸(C2)
(b)マロン酸(C3)
(c)コハク酸(C4)
(d)メチルコハク酸(iC5)
(e)グルタル酸(C5)
(f)アジピン酸(C6)
(g)アゼライン酸(C9)
(h)マレイン酸(M)
(i)メチルマレイン酸(mM)
(j)フマル酸(F)
(k)フタル酸(Ph)
(l)ケトマロン酸(kC3)
(m)4-ケトピメリン酸(kC7)
(n)リンゴ酸(hC4)
(o)グリオキザール酸(ωC2)
(p)4-オキソブタン酸(ωC4)
(q)ピルビン酸 (Pyr)
(r)グリオキザール (Gly)
(s)メチルグリオキザール (mGly)

図4-7●検出した水溶性有機物の化学構造

八〜二キロメートルで高い値を示すが、二・三キロメートル以上の上空では高度とともに減少傾向にあることがわかる(図4-8)。

ではこれらの有機物質はどこから来るのか? バナジウムという物質は石炭や原油中に存在し、化石燃料の燃焼とともに大気中に排出される重金属だが、汚染物質のトレーサーとして広く使われている。図4-9に示すように、バナジウム濃度に対するジカルボン酸の濃度比は、上空二〇〇〇メートル付近までは、高度とともに増加する。同様の傾向は、不飽和ジカルボン酸(マレイン酸、メチルマレイン酸、フマル酸)、ケトジカルボン酸(kC_3・kC_7)、グリオキサール酸(ωC_2)など、シュウ酸の前駆体と考えられている有機物でも認められる。この傾向は夏の試料で最も顕著だが、冬や春の試料でも認められた。

バナジウムは大気中で濃度は変動しないが、ジカルボン酸の濃度は大気中での光化学過程、すなわち生成と分解によって大きく変動する。高度二〇〇〇メートル以上で、有機エアロゾルの値が急激に減少するのは、それ以上の高度の大気は自由対流圏の影響を強く受けており、地表からの汚染物質は、遠くから運ばれた清浄な気塊によって希釈されていると思われる。一方、シュウ酸の割合は地上一〇〇〇メートル付近から二〇〇〇メートルまでは増加傾向を示しているが、これは、光化学的反応によってシュウ酸が生成していることを示唆していて、地表から放出された汚染物質(芳香族や鎖状炭化

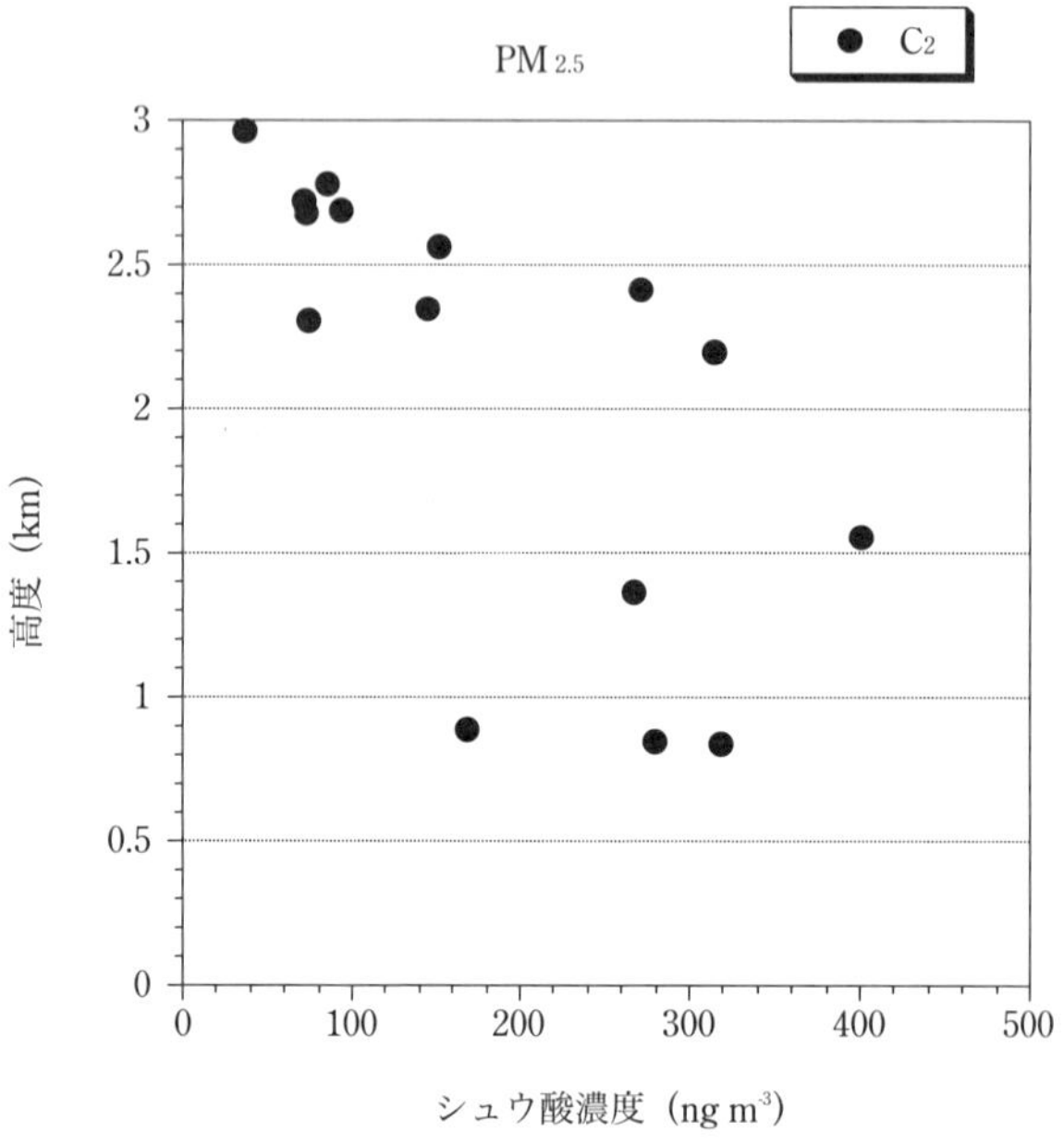

図4 - 8 ●中国上空のシュウ酸濃度の高度分布（2003 年夏）

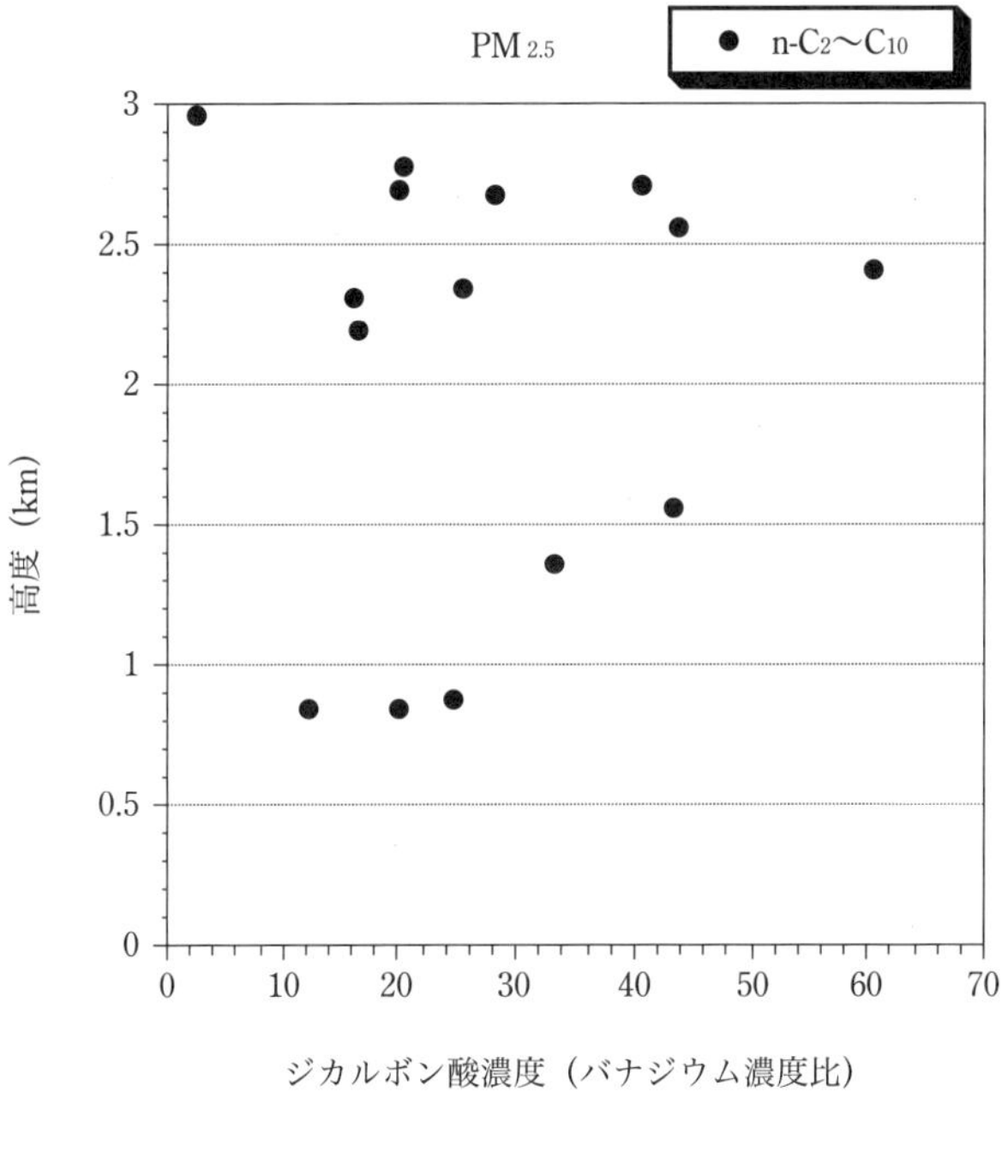

図4 - 9●ジカルボン酸（n - C_2〜C_{10}）濃度の高度分布（2003年夏。バナジウム濃度比）

水素など）の光化学的酸化により、低分子ジカルボン酸やケトカルボン酸などが中国上空の大気中（対流圏下部）で二次的に生成していることを示している。

3 無人飛行機でわかった、黄砂の化学

黄砂が日本に春に飛来するさまは、第3章で紹介したが、そこでも触れたように、黄砂には海塩成分が付着した状態で飛来するものがよくみられる。このような混合粒子は、黄砂が海の上を移動する間に雲を形成した空気の中で効率的に生成されていることは知られているが、そうでない場合、つまり雲がない状況でも、同じような現象が起こるらしい。それがどのような過程なのか、詳しくはわかっていない。そこで私たちは、九州北の日本海の上に無人航空機を飛ばしてエアロゾルの鉛直分布を詳細に観測し、海の上で黄砂と海塩の混合粒子が形成されるプロセス、特に海上霧がどのような役割を果たしているか、検討してみた。

佐賀県唐津市虹ノ松原海岸は、日本海に面し、偏西風の風上に大陸、風下に日本の都市部が位置する。このため、海洋上を移動してきたエアロゾルの状態を直接観察できるので、海を渡る間に起こっ

た変質について検討するのに適した地域である。ここで二〇〇四、二〇〇五年のいずれも三～四月に観測が行われた。

無人飛行機というのは、図4-10のようなカイトプレーン（凧と飛行機の長所を生かして開発された無人航空機）で、粒径分布を測る光散乱式粒子計数装置とエアロゾルサンプラ、それに温度計や湿度計などの各種気象観測装置を搭載している。飛行機には自動操縦装置がついていて、プログラムされたとおりに飛行することができる。これを海岸から飛ばし、海岸北の唐津湾の海上で、海抜高度三〇〇〇メートルまでの上空を観測する。強風が吹いたり雨が降るとカイトプレーンを飛ばすことができないので、そういう日は離陸地点近くにある鏡山展望台で地上観測を行う。カイトプレーンで一六回、鏡山展望台で五回行った観測で、高度二八〇〇～二五〇〇メートルの上空から多くのサンプルが回収された。

ところで先に述べたように、この研究では、雲が関与していない場合の黄砂と海塩の混合粒子の形成について検討しようというのだから、一つ一つのサンプルを採取した空気が、海上を移動中に雲を形成していたかどうかを判別する必要がある。図4-11にその方法を示すが、アメリカ海洋気象局のモデルを使って大気の流跡線の解析を行い、その経路の近くの湿度の鉛直分布（気象観測気球による観測）や気象観測衛星の赤外雲画像データによって、移動中に雲が形成されたかどうか検討するわけだ。

図4 - 10 ●虹ノ松原海岸で離陸を待つカイトプレーン

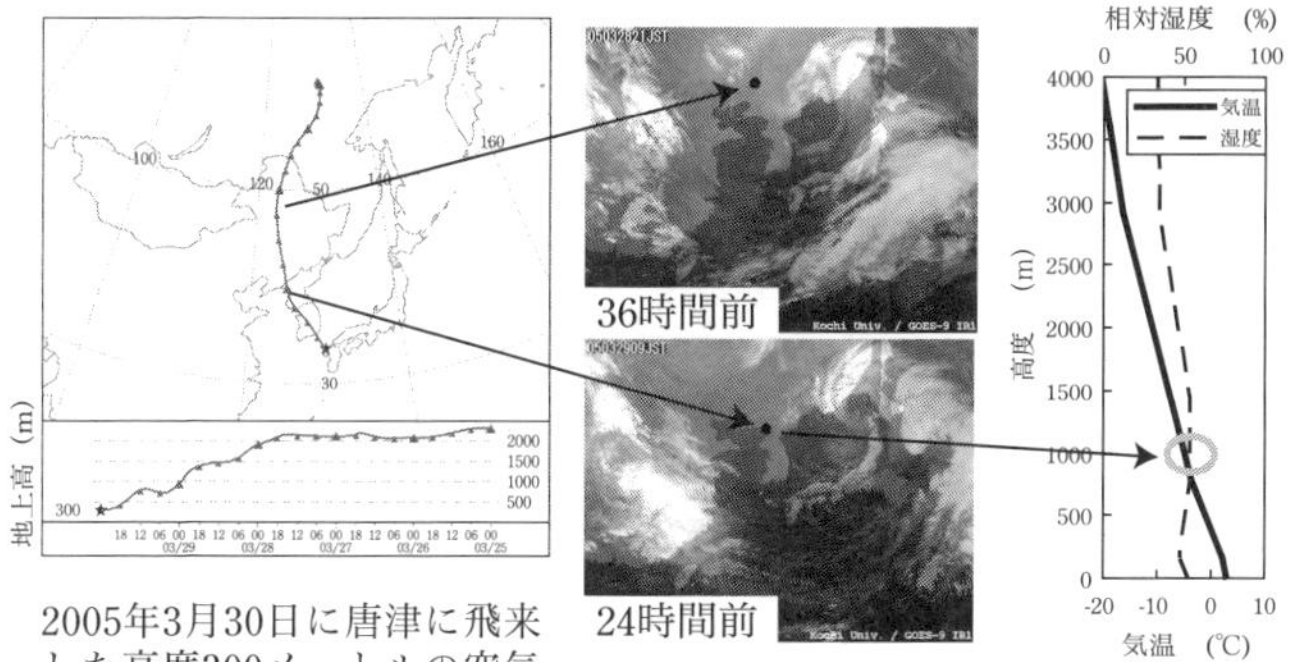

2005年3月30日に唐津に飛来した高度300メートルの空気塊の飛来軌跡
（上：水平位置、下：高度）

それぞれの時間における赤外雲画像と空気塊

通過点近隣のゾンデ観測結果

図4-11●雲を形成していたかどうかの有無の判定

赤外雲画像で雲が確認され、そのときに気球によって観測された相対湿度が七〇パーセントを超えているときには、雲が形成されていたものと考える。

観測の結果を図4－12に、黄砂と海塩の混合粒子数の割合（MSFと呼ぶ）の高度分布を示した。下層の大気は自由対流圏と境界層に、境界層はさらに残余層と混合層に分類されるが、自由対流圏は地表の影響が弱い領域である。自由対流圏である高度一五〇〇メートル以上ではMSFは低かったが、一五〇〇メートル以下では同じ高度でもMSFの値の違いが大きく、つまりMSFは高度には依存しないことがわかる。また、途中、雲の過程を経ていないサンプルでも、MSFが六〇パーセントを超えるものがあり、雲ができずとも混合粒子の形成を効率的に進めるプロセスがあったらしいことがわかる。

さらに、温度とMSFとの関係を図4－13に示したが、混合粒子の割合が高いのはいずれも混合粒子の層の温度が海面温度よりも低いときであり、海面付近の温度よりも冷たい空気の塊が輸送されてきたときに、混合粒子の形成が効率的になっているようだ。総じて考えると、黄砂を多く含む冷たい空気塊が、中国大陸から、温かい黄海・日本海上に流れ込み、海塩粒子や黄砂を核として海上霧が生じる。ここで物理を思い出せば、慣性の大きな霧粒どうし、あるいは霧粒と黄砂は、乱流中で衝突効率が大きいから、衝突してくっつくことで混合霧粒が形成される。この霧粒が乾燥して黄砂と海塩の混

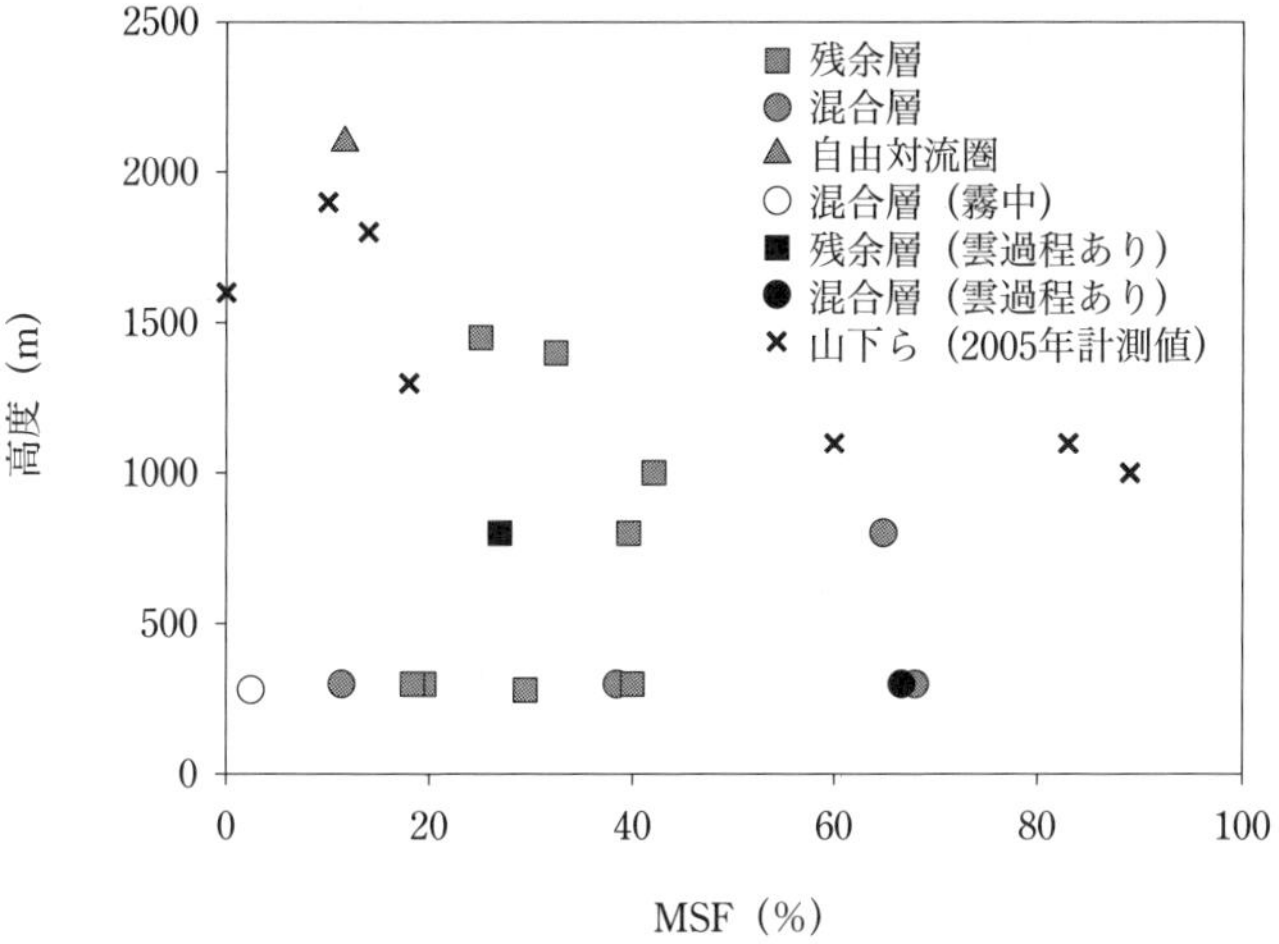

図4-12●海塩と混合した黄砂粒子の割合（MSF）の高度分布

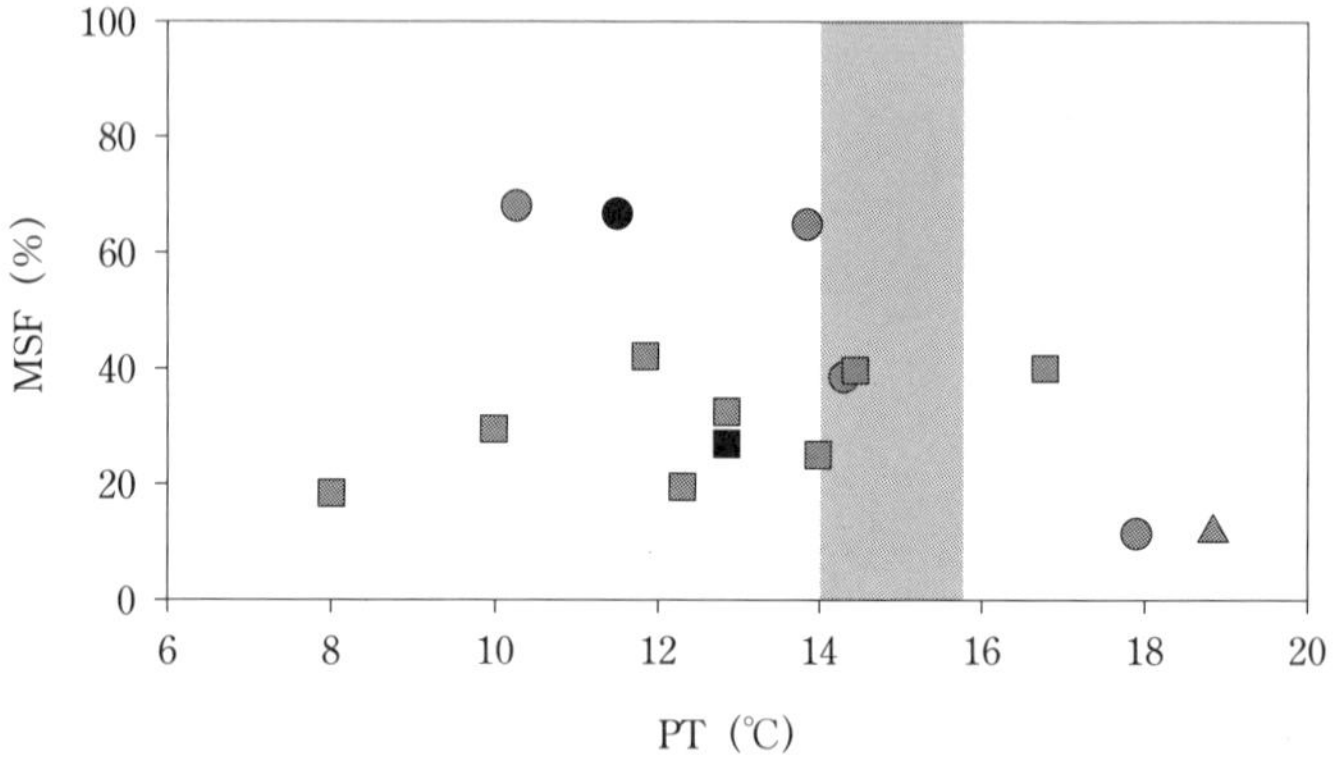

図4 - 13 ●海塩と混合した黄砂粒子の割合（MSF）と気温（PT）の関係（空気層の種類は図 4 - 12 と同じ記号で示してある）

合粒子が形成されるらしい、ということが言えるだろう。

4 海に落ちるエアロゾルが魚の栄養に？——船舶からの観測でわかったこと

言うまでもなく、大気中を漂う物質は、陸だけでなく海にも沈着する。中国、日本、韓国の三つの国に囲まれた東シナ海は、人間活動がもとになってできた（人為起源）エアロゾルや黄砂が海の上をどう運ばれるのか、地球表面の七割を占める海洋大気中での化学的特徴や輸送メカニズムを解明するうえで重要な海域である。また、これらの物質が海の表面に沈着することにより、東シナ海の水質や生態系に影響を与えることも考えられる。これまで、東シナ海の海洋生物の活動が活発である理由は、長江や海洋底層水の湧昇によってこの海域に栄養塩が供給されるためだと言われてきたが、大気からの物質供給を考慮した研究の例はほとんどない。

そこで私たちは、学術研究船白鳳丸を使って、大気エアロゾル中のアンモニウム塩と硝酸塩の乾性沈着によって、海洋生物の栄養塩である窒素化合物が、大気を経由して海へ供給される過程について研究することにした。

その結果（二〇〇二年九月二六日〜一〇月九日の観測）を図4‐14に示したが、この間、人為起源の物質が明らかに洋上へ流れ出すのが四回確認された。太平洋側での観測では、南風を受けて清浄な海洋大気の影響を主に受けているが、東シナ海（九月三〇日以降）では、主に陸起源物質の影響を受けているのがわかるだろう。アンモニウム塩と硝酸塩粒子の粒径分布は大きく異なり、アンモニウム塩の八九パーセント以上は微小粒子に、硝酸塩の六二〜九三パーセント（平均八三パーセント）は粗大粒子として存在していた。

大気からの硝酸塩とアンモニウム塩の沈着量を見積もるには、大気中の濃度と、平均粒径をもとにした乾性沈着速度を掛け合わせれば、近似的な値が得られる。それを見ると、東シナ海における硝酸塩とアンモニウム塩の沈着量はそれぞれ、太平洋側の八・〇倍、二・八倍も高くなっており、また、陸域の影響を受けているときと清浄な海洋大気の影響を受けているときで大きな違いがみられる。

以上のような観測をまとめてみると、硝酸塩、アンモニウム塩が大気から沈着した量は、それぞれ窒素換算で、年間二七〇ギガグラム、年間一六〇ギガグラム、であった（ここで一ギガグラムとは、一〇〇〇トンすなわち一〇〇万キログラムのこと）。春季の各沈着量は、それぞれ年間三九〇ギガグラム、年間一〇〇ギガグラムであり、無機窒素化合物全体としての沈着量に、季節による大きな違いはみられない。ちなみに、長江などの河川からの流入量は、それぞれ年間四六〇ギガグラム、年間一九〇ギガグ

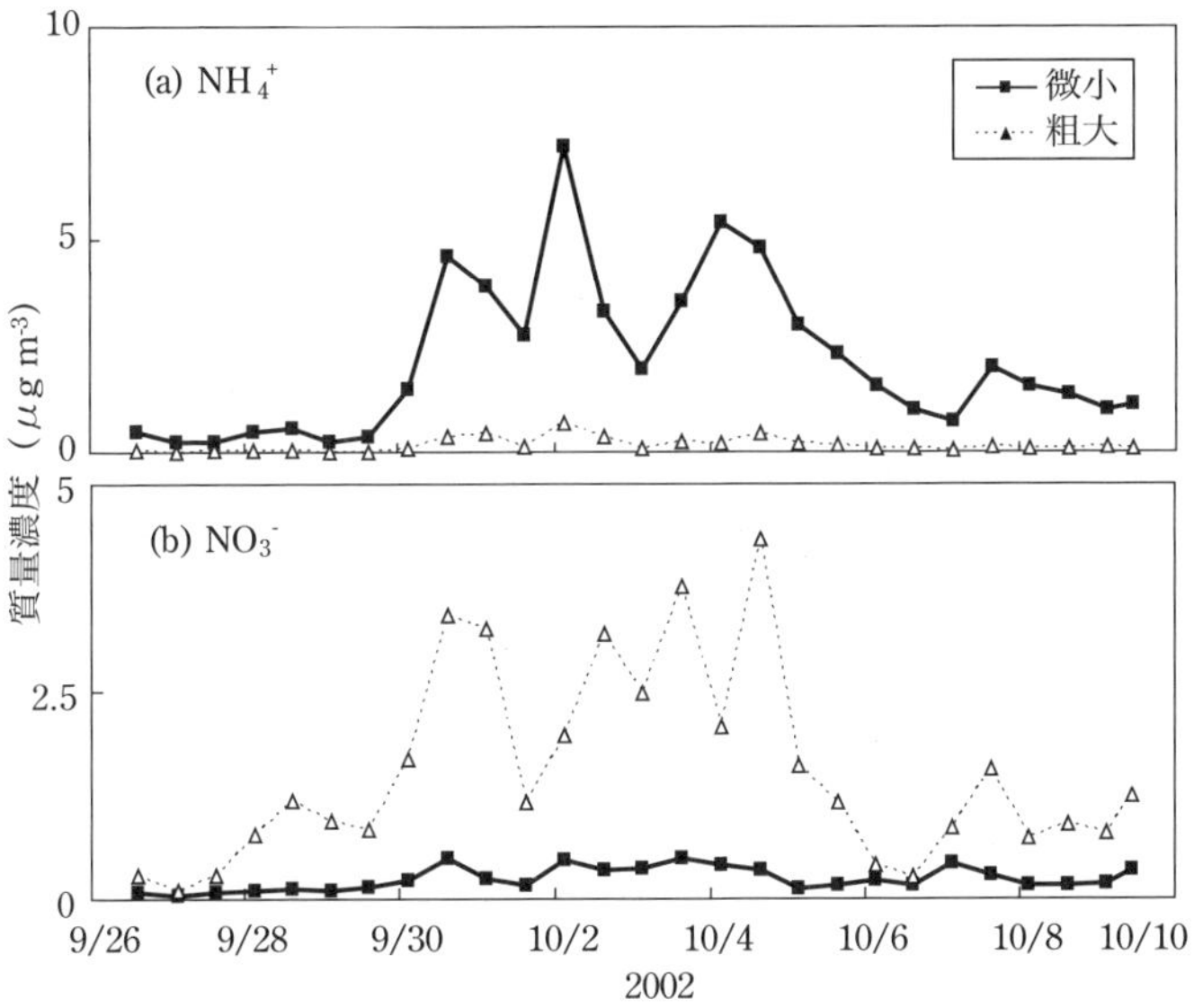

図4 - 14●秋季のアンモニウム塩と硝酸塩濃度の時間変化（微小粒子とは2.5 μm粒径より小さいもの、粗大粒子とは2.5 μmより大きいものを示す）

ラムと見積もられているので、大気からの硝酸塩、アンモニウム塩の沈着量は、長江からの流入量に匹敵することが明らかとなったわけだ。なんと、空から降る経路も、重要な海洋生物の栄養素の供給経路なのだ。すなわち、大気エアロゾルが、海の生態系に影響を与えているらしいのである。考えてみれば、河から海への栄養塩の流入の影響は、大きいとはいえ、沿岸域や縁辺海周辺域の限られた海域の現象だ。それに対して、大気からの窒素化合物は、風下の海洋の広範囲に供給されることになる。亜熱帯などの貧栄養の海域での栄養塩の供給源として、さらに言えば、生物を媒介にしたさまざまな物質循環に、エアロゾルは無視できない影響を与えているのである。

5 高空、広範囲のエアロゾルをとらえる——ライダーや衛星による観測

ライダー(lidar, light detection and ranging)というのは、一般にはあまり聞き慣れない言葉かもしれないが、レーダー(rader, radio detection and ranging)は皆さんご存じだろう。そう、レーダーのradio(「電波の」)の部分をlight(「光の」)に代えたもの、一言で言えば、電波の代わりにレーザ光を用いたレーダーのことだ(レーザレーダーとも呼ばれる)。パルス状のレーザ光を大気中に発射して、大気や雲、エ

アロゾルからの反射光を一種の望遠鏡で集めて検出し、大気微量成分や水蒸気、風、気温、雲などの分布を測定する(図4-15)。また、レーザ光が散乱されるときの偏光の乱れ具合から、散乱体が球形であるか非球形であるかを知ることもできる。この方法を利用すれば、非球形な黄砂粒子と、球形な液滴の大気汚染性のエアロゾルの分布を分離して測定できる。

ライダー観測の最大の利点は、エアロゾルの高度による分布を連続して測定できることにある。これを多くの地点に設置して、それらをネットワークで結べば、エアロゾルの立体的な分布を連続的にとらえることができる。そこで、私たちは従来から展開していた、つくば、長崎、北京などに加えて、中国安徽省の合肥に新たな小型ライダーを設置して、二四時間連続する観測を長期間継続した。

巻頭カラー口絵2の観測結果を見てほしい。北京における観測では、光学的に見たエアロゾル濃度(消散係数、第5章3節(2)参照)が日本に比べて数倍高いことにまず驚かされる。春の黄砂シーズンでは視程が一キロメートル以下になるような黄砂現象も出現するが、大気汚染によって、これに劣らず視程が悪くなる場合も珍しくない。黄砂と大気汚染は、視程を計るだけでは判別できないが、偏光特性を利用したライダーならこれらを明瞭に区別し、さらに黄砂と大気汚染の混合状態を解析することもできる。黄砂と大気汚染の発生の時間変化をみると、およそ数日間のスケールで大気汚染の高い期間が周期的に出現する。これは低気圧の移動に伴う風向の変化とよく対応する。このことは、北京

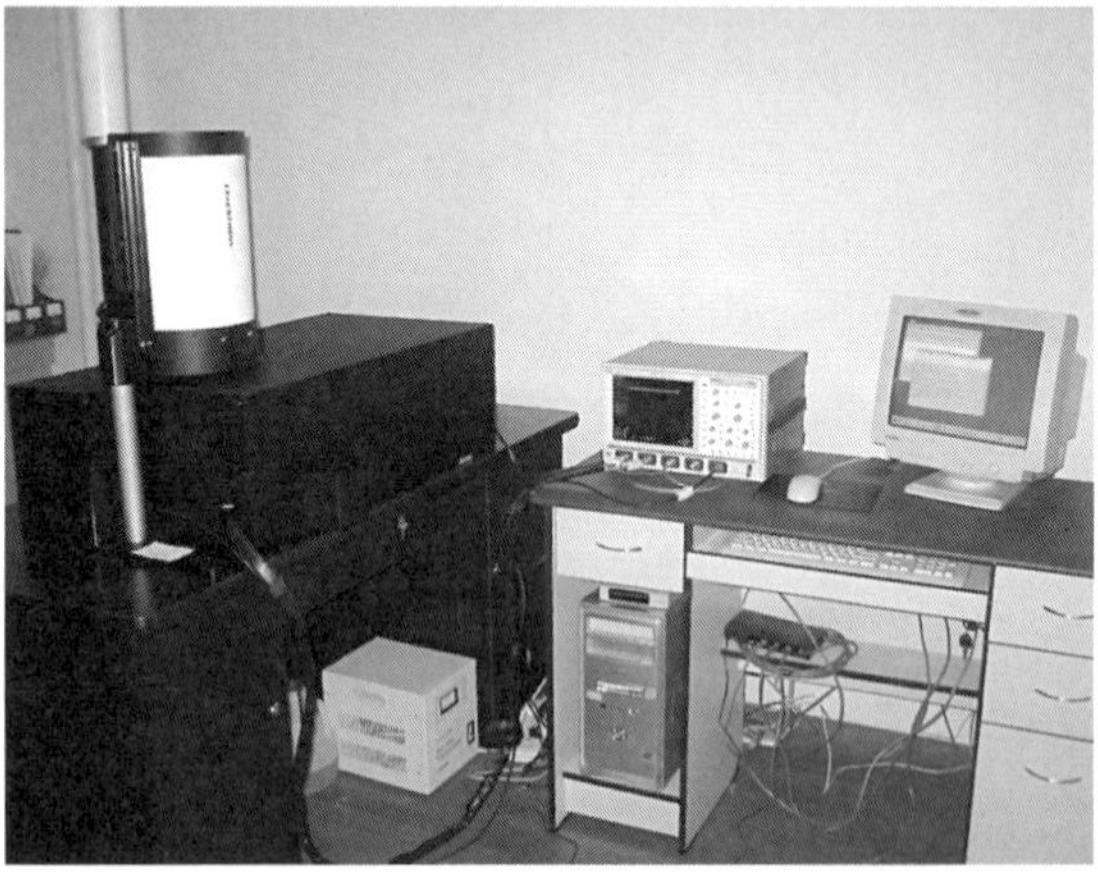

図4 - 15 ●小型ライダー装置の写真

のような大都市においても、局所的な大気汚染だけでなく数百キロメートルスケールの地域規模の大気汚染現象の影響を考慮することが重要だということを示すものといえる。

上海から四〇〇キロメートルほど西に位置する合肥では、黄砂の影響は少ないが、大気汚染性エアロゾルの濃度は全般に高い。大気汚染現象の時間変化の特徴は北京とは異なっているが、これも風の変化が重要な要因であることを裏付けるものだ。一方、さらに南に位置する宮古島では、春季には東南アジアから輸送されたと推定される、バイオマス燃焼（主に野焼き）で発生したと推定される煙の層が、大気境界層より上空の自由対流圏にしばしば観測されることがわかった。

長崎など日本における観測では、黄砂が飛来する直前に大気汚染性エアロゾルが増加する事例が多いことや、黄砂の飛来高度が全般に大気汚染性エアロゾルよりも高いなどの特徴が明らかになった。これらの特徴は、黄砂と大気汚染性エアロゾルの発生領域と発生時の気象条件が大きく異なることを考えれば理解できる。

第3章で大気汚染物質のシミュレーションモデルの話をしたが、計算結果が実際の現象を正しく表しているのか疑問を持ったかもしれない。モデルが現象を正しく表現しているのかどうかは、計算結果と実際の観測データとを比較することで調べることができる。三次元方向、特に鉛直方向のデータが得られるライダーの観測結果はきわめて貴重だ。巻頭カラー口絵2は、ライダーネットワークにより観測された地点ごとの黄砂と大気汚染エアロゾルの高度分布を、シミュレーションモデルによる計算結果と比較したもので、モデルによる黄砂、硫酸塩、含炭素エアロゾルの分布が観測をおおよそ再現できていることがわかる。

ライダーのように、エレクトロニクスの技術を駆使して遠く離れた場所の情報を観測することをリモートセンシングというが、もう一つ、今日リモートセンシングに欠かせないのが、人工衛星による観測である。ライダーが地上から高空を覗くのに適しているとすれば、衛星は高空から非常に広い範囲を観測するのに適している。私たちは、こうした先端技術も駆使して、エアロゾルを追っているのだ。ここでは、一九九七年に打ち上げられた地球観測衛星 OrbView-2（図 4 - 16）に搭載された SeaWiFS と呼ばれるセンサを使った研究について紹介しよう。

SeaWiFS は四一二〜八六五ナノメートルの波長域に八つの観測波長帯をもつセンサで、各地の地方時間の正午ころにその上空を通過する軌道を取っており、軌道上から一度に地上を観測できる幅は約一三〇〇キロメートル、二日で地球全体をカバーする。本来は海色（海の色）の観測用として設計されたセンサだが、これを用いてエアロゾルの代表的な光学特性である光学的厚さ（Aerosol Optical Thickness: AOT：光から見た大気の厚さで、大ざっぱに言えば大気中に浮遊するエアロゾル量に相当する）と、オングストローム指数（光学的厚さの波長依存性を表す指数で、微小粒子が多いと高い値を示す）を知

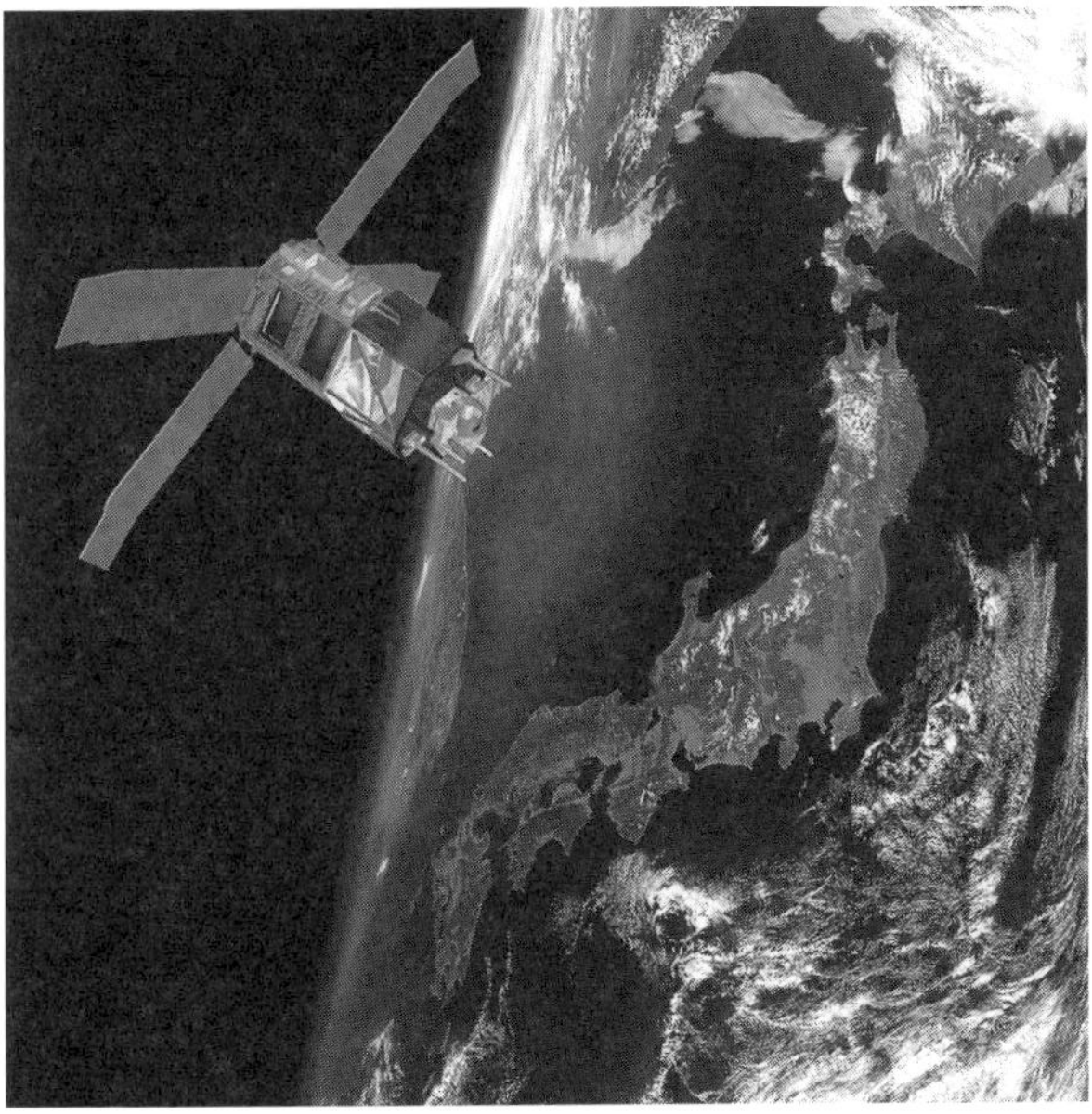

図4 - 16 ●地球観測衛星 OrbView - 2

ることができる。私たちが観測対象としたのは図4－17に示す六つの海域で、それぞれの海域ごとに、エアロゾルの代表的な光学特性である光学的厚さとオングストローム指数の月ごとの平均値を求めてみた。

図4－18がその結果だが、どの海域でも、季節変化が現れている(ただし、硫黄島近海の海域6では顕著ではないが)。また、年ごとにみると、二〇〇三年五月ころに、海域1、2、3でエアロゾルの光学的厚さが著しく上昇しており、オングストローム指数も高くなっている。これは、第4章1節、富士山での観測の節でも紹介されている、シベリアの大規模森林火災によるエアロゾルの影響だ。

もっと長期にわたる変動を見ると、エアロゾルの光学的厚さに特段の傾向はみられないが、オングストローム指数に関しては、日本から遠く離れた海域6以外の海域ではいずれも増加傾向がみられる。このことから、大陸から隔たった海域は別として、日本近海の大気では微小粒子の比率が増加していることは確かなようだ。

もう一つ、より広い範囲での観測も紹介しておこう。こちらは、一九九六年に打ち上げられた地球観測プラットフォーム技術衛星「みどり(ADEOS-I)」とその後継機で二〇〇二年に打ち上げられた環境観測技術衛星「みどりII(ADEOS-II)」に積まれたPOLDERセンサ(地表反射光観測装置)を用いたものだ(巻頭カラー口絵3)。カラーの図の左側が一九九七年の、右が二〇〇三年の四～六月の結果だが、ここには、地球全体のＡＯＴの月平均分布が示されている。寒色から暖色に向かうにつれ値が高くなるように表示してあるが、外洋上空ではエアロゾル量が少なく大気はクリアだけれども、陸域ではエアロゾルの光学的厚さが大きい、すなわちエアロゾル量が多いことがわかる。また、沿岸域では陸域から高濃度のエアロゾルが吹き出している様子がみられる。アフリカ中西部、東アジアにエアロゾルの高濃度域が存在するのもわかるだろう。そして、陸域や沿岸域においては、全体として一九九七年より二〇〇三年のほうが高い値を示すこともわかる。図には示していないが、観測では粒子の大きさも考慮すると、一九九七年に比べて、二〇〇三年のほうが、人為起源のエアロゾル量は確かに多いといえる。

以上、この章では、地上から衛星まで、さまざまな規模の観測方法とその結果を紹介したが、いずれの場合も、地球全体として特に東アジア地域では、人の活動によるエアロゾルの量が確実に増えていることがわかっていただけたと思う。そこで次の章では、エアロゾルがどのように環境に影響を与えるのか。詳しく見てみたいと思う。

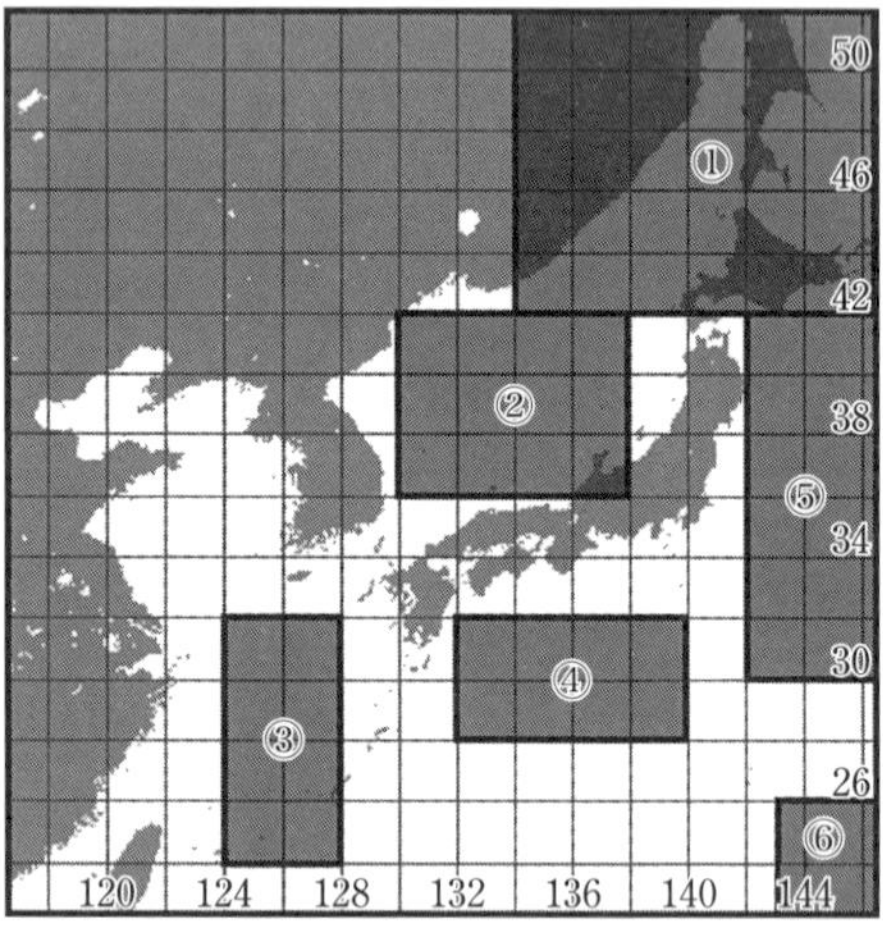

図4 - 17 ●解析対象とした海域（①～⑥）

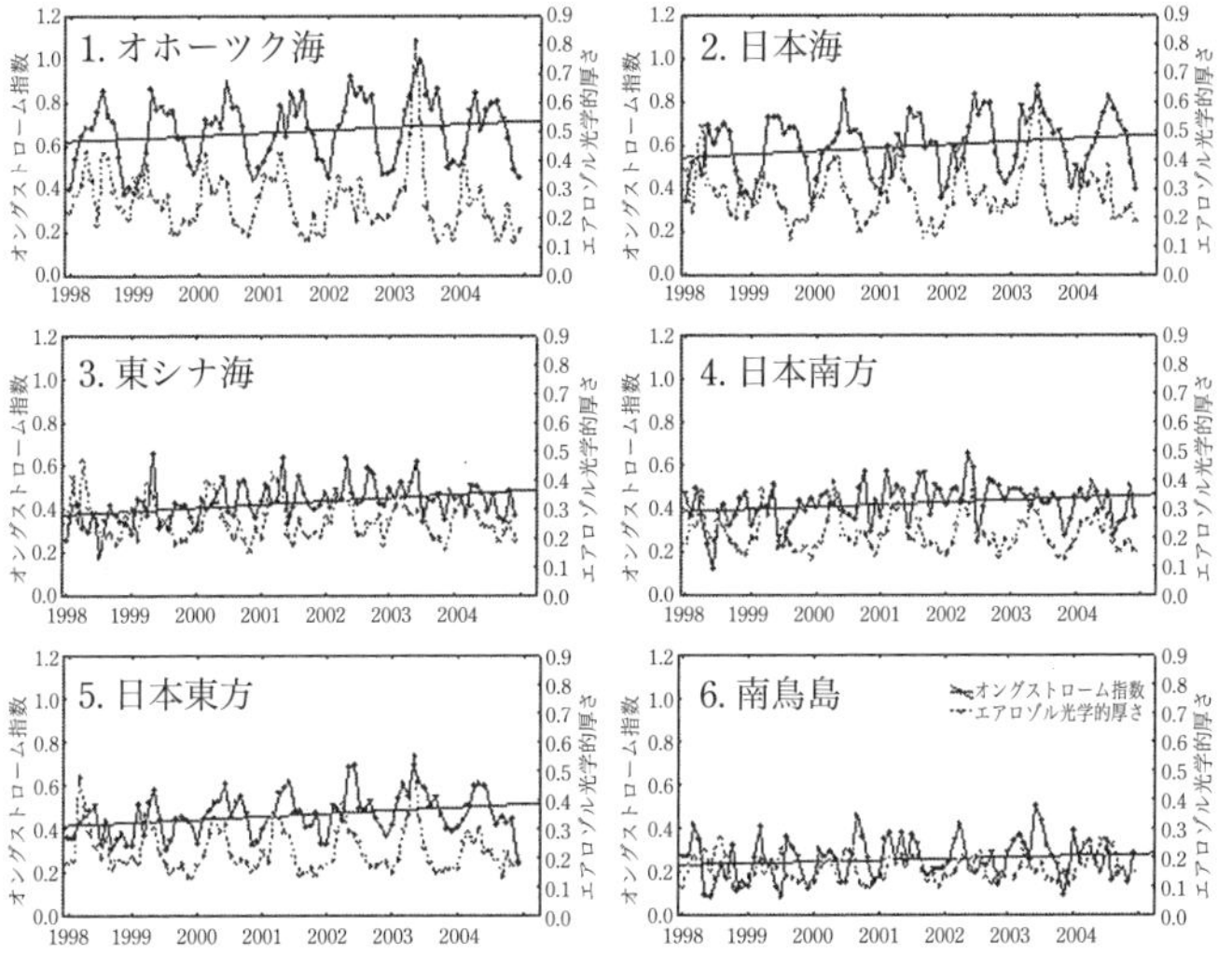

図4 - 18 ● 1998年1月から2004年12月までの6地域におけるエアロゾル光学的厚さとオングストローム指数の月平均の変動

第5章　エアロゾルと地球環境

これまでの章では、主にエアロゾル自体の性状とか動態といった事柄について説明してきた。そのなかでも、人や自然、気象などにどんな影響を及ぼしているのか、といったことに多少は触れてきたけれども、詳しく述べることはしなかった。しかし、多くの皆さんにとって、今最も関心があるのは、要するに「エアロゾルは私たちにどんな影響を与えるのか」といったことだろう。

実は、こうした事柄こそ、科学的に正確にしかもわかりやすく説明しようとするとたいへんなのだ。この章では、このエアロゾルが及ぼす、さまざまな面への影響に関する研究を紹介するが、ひょっとすると、これまでの章よりも難しく感じられるかもしれない。

1　エアロゾルの性状についてのおさらい

一例を挙げよう。1章や2章でも触れたが、エアロゾルの持っている性質や状態は、大きさ、形、含まれる化学成分、粒子全体としての存在量（個数、表面積、体積あるいは質量など）、光の散乱や吸収能力、電気の帯びやすさ、水への溶けやすさ、他物質との反応のしやすさなど、専門的に言えば粒径、形状、化学組成、濃度、光学的特性、電気的特性、水溶性、反応性など多くの因子によって表される（図5－1）。そして、それらの性状は、個々の粒子がもつ固有の性質はもとより、粒子が浮遊している空気の温度や湿度、圧力などの物理的条件、あるいは他の物質との反応といった化学的な条件、さらには建物や土壌、森林といったエアロゾルの移動を遮る条件（境界条件）などに影響されながら、時々刻々と変化していく。

もう一つ、ちょっとおさらいしておきたいのだが、エアロゾル粒子の性質は、このように多数の要素を持つことに加え、各々の要素が、非常に広く多岐にわたる。たとえば粒径に関していうと、対象となる範囲は分子に近いナノメートル（10^{-9}メートル、一メートルの一〇億分の一）サイズから、霧雨のような〇・一ミリメートル（10^{-4}メートル、一メートルの一万分の一）サイズまで、実に五桁の幅がある。また

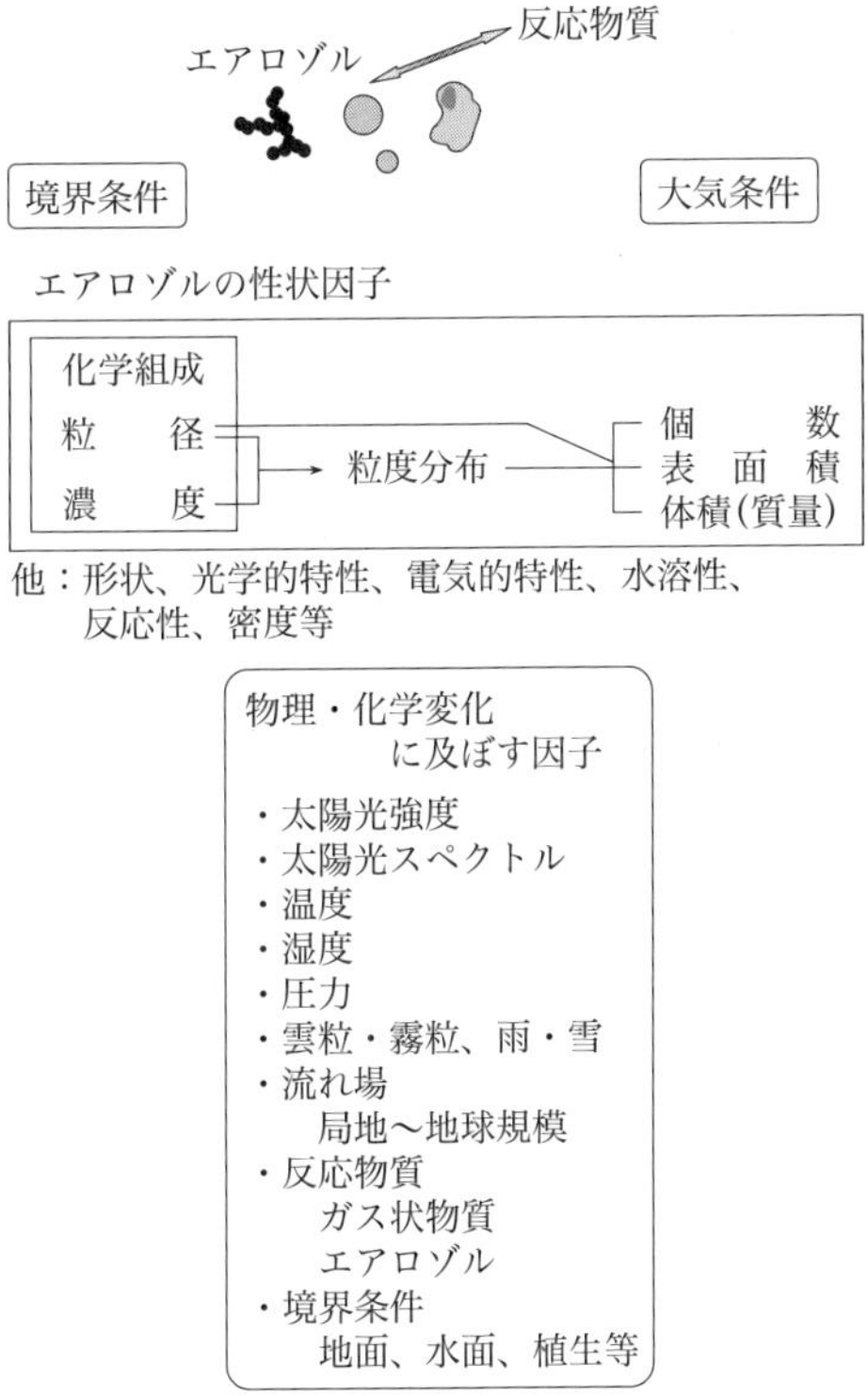

図5-1●エアロゾル粒子の性状とそれに関係する因子

濃度（質量濃度）に関しては一立方メートル当たりピコグラム（10^{-12}グラム、一グラムの一兆分の一）からミリグラム（10^{-3}グラム、一グラムの一〇〇〇分の一）オーダーまで九桁にわたる。対象範囲が微小・微量であるうえに、数桁に及ぶ広い範囲だ。また、化学性状について言えば、代表的な化学成分だけをとっても有機化合物、元素状炭素、硫酸ミスト、硫酸アンモニウム、硝酸アンモニウム、海塩、重金属などきわめて多種類の粒子が存在している。したがって、エアロゾルをとらえるのは、粒径の測定一つ取っても、単一の方法、同一の原理に基づく方法で全体をカバーすることはできず、こうしたことがエアロゾルの計測技術や現象の解明などを困難にしている。

こうした要素のうち、エアロゾルと大気環境問題の関わりを考えるうえで、まず最も重要なのは粒径、濃度、化学組成だけれども、対象となる問題によっては、他の因子も重要だ。たとえば、エアロゾルと地球温暖化の関係を考えるには、先の三つの要素とともに粒子の光学的特性が重要になるし、また酸性雨を考えるには、粒子の水溶性や反応性が重要となる。さらに、濃度に関しては、対象となる問題ごとに、異なる三つの基準で考えなければならない。たとえば、雲粒の生成を考える際にはエアロゾル粒子の「個数濃度」、ガスと粒子の反応を考えるうえでは「表面積濃度」、またエアロゾル粒子の健康影響を調べる際には「質量濃度」が重要となるといった具合で、それぞれ的確な基準を選ばなければならない。

こうしたややこしさがあって、これまでの章では単に「濃度」と表したが、実はそれが「個数濃度」なのか「表面積濃度」なのか、はたまた「質量濃度」なのか、区別する必要があったのだ。この章では、正確を期するために、これらの言葉をしばしば使うことになる。しかしながら、「細かなわからないところはざっと読み飛ばして、大枠をつかむ」のも、サイエンスとつき合う大事な姿勢だ。またこの章では、前章までに紹介した事柄も言葉を換えて繰り返し、より深い理解の役に立つようにしたつもりだ。それに、日本の研究者が自慢できる、素晴らしい実験施設の話もある。だから、多少の覚悟はお願いしつつも、「要するにいろんな濃度があるのね」くらいの感覚で最後までおつき合いいただきたい。

2 エアロゾルの性状と人体への影響

エアロゾルが人の暮らしに及ぼす影響について、最初に関心が持たれたのは、大都市などの大気汚染が直接人の健康に障害を与えるという、いわば「地域」の観点からだった。その後、一九九〇年代になって、酸性雨や地球温暖化、成層圏オゾン層破壊などの地球規模での環境問題との関わりが大きく注目されるようになってきた。したがって、健康への影響には長い間関心が寄せられてきたはずなのだが、大気エアロゾルの性状があまりに多様で広範囲に及ぶことから、人体への影響メカニズムについては、未知、不確かな問題が多い。

さしあたって「呼吸器沈着モデル」という、人の呼吸気道にエアロゾルがどう沈着するか、生理学的条件を考慮したエアロゾル沈着モデルがあり、また、これらのモデルを併用したさまざまな実験がなされている。このような結果および疫学調査をもとに、日本では、粒径一〇マイクロメートル以下の粒子は大気中に長時間滞留し、かつ肺や気管などに沈着して呼吸器に悪影響を及ぼす恐れがあることから、「浮遊粒子状物質(Suspended Particulate Matter : SPM)」と呼び、質量濃度に基づく環境基準が設けられている。すなわち

一時間値の一日平均値が一立方メートル当たり〇・一〇ミリグラム以下、一時間値が一立方メートル当たり〇・二〇ミリグラム以下

が環境保全のための目安とされている。また世界的に見ると、粒径二・五マイクロメートル以下の粒子の質量濃度に対して環境基準値が設けられている場合もある。このような環境基準は、エアロゾルの粒径と濃度に着目した基準なのだが、その化学成分については考慮されていない。しかし、ダイオキシンや揮発性有機化合物(Volatile Organic Compounds : VOC)、アスベストといったように、特に発が

ん性や催奇形性の高い物質については、化学性状を考慮することが不可欠である。これらについては、個別に環境基準等が設けられ、対策を行うという方式がとられ始めている。

3 自然環境への影響

(1)「しらせ」から目視された大きなもや

南極観測船「しらせ」は、毎年秋に日本を周回する訓練航海を行っている。二〇〇三年の九月、私たちは、その訓練航海に便乗し、エアロゾルのサンプリングや光学観測を行っていた。九月一六日、金沢から佐世保に向けて、対馬海峡付近を西に航行していたとき、海上に大規模なもやがかかっているのを目撃した。早速私たちは、船上での観測に加え、地上と衛星から、この現象を観測することにした。

船上で採集されたサンプルを分析すると、金沢〜佐世保間の海上では、半径〇・二マイクロメートル程度の硫酸成分の微粒子が、多く存在していたことがわかった。この船舶観測とほぼ同じころ、奄美大島でレーザー光線を用いたライダー観測が行われていた。この観測でも、高度六〇〇メートル以下の大気下層に球形をした粒子が多く存在しており、しかもこの状況が九月一六日の終日にわたって持続していたことがわかった。一般に硫酸塩粒子は、液滴、あるいは固体粒子でも湿度が高い場合は球形の形をとることが多い。したがって、このライダー観測がとらえたのも、硫酸塩粒子である可能性が高い。

対馬海峡と奄美大島という、遠く離れた場所で観測された事実が一致するということは、どうもこの日は日本付近の広範囲にわたって大気下層に硫酸塩粒子が存在していたらしい。第4章で紹介したように、これほど広範囲の現象には、衛星による観測が有効である。そこで、やはり同じころ、この付近を対象として観測を行っていた環境観測技術衛星「みどりII」に搭載されたGlobal Imager（GLI）センサのデータを解析してみることにした。その結果を示したのが巻頭カラー口絵4だが、ここには非吸光性（光を吸収しないこと、つまり光をほとんど反射してしまう）粒子の「光学的厚さ」の分布が示されている。一目してわかるように、対馬海峡や奄美大島を含む広い範囲にわたって粒子の層が存在しており、特に、朝鮮半島付近で、明瞭な光学的厚さの勾配が現れている。硫酸塩粒子は非吸光性であることはよく知られているので、やはり硫酸塩粒子が、広範囲に広がっていたことは間違いない。

この観測結果を、理論モデル（「CFORS」と呼ばれる化学物質輸送モデル）を用いたシミュレーションと比較してみよう。巻頭カラー口絵5はそのシミュレーション結果だが、四枚のパネルのうち右側二つ（bとd）は人工衛星観測と同じ時刻のシミュレーション結果、左側二つ（aとc）はそれより約一日前のシミュレーション結果である。シミュレーションは、土壌粒子、硫酸塩粒子、含炭素粒子、海塩粒子の四種類の物質について計算を行い、図の上段二つ（aとb）は四種類の粒子の合計の光学的厚さの分布、下段二つ（cとd）は今回最も影響が大きかった硫酸塩粒子のみの分布を示している。この図をみると、朝鮮半島付近と四国沖で、全種類の光学的厚さが大きくなっており、衛星の観測結果と整合する。また、全種類のうちで特に硫酸塩粒子の光学的厚さの影響が大きく、しらせの船上で観測されたデータ（硫酸塩粒子が卓越）と符合する。図のcに示されているように、このもやは、約一日前に上海や南京付近に存在していたものが、日本上空に運ばれてきたものと考えられるわけだ。

(2) 気象・気候への影響の原理

こうした大規模で広範囲のもやを見ると、直感的に、環境に何の影響もないはずはないと思えるだろう。しかし硫酸塩粒子は、光をよく反射し、かつ水溶性なので、次のようなことが考えられる。

①エアロゾルが太陽の光（日射）を散乱することにより、地球表面に到達する日射量を減少させ、地表の気温を低下させる（アルベド効果）。もちろんエアロゾルの種類によっては、光の吸収の影響

も大きいだろう。

②水溶性のエアロゾルが増加すると、その水溶性エアロゾルを核として生成される雲粒（雲の水滴の粒子）の数が増加し、その結果、雲の日射反射率が増加して、地表に到達する日射量が減少し、地表気温が低下する。

前者をエアロゾルの直接効果、後者をエアロゾルの間接効果というが、以下、少し詳しく説明しよう。

■大気エアロゾルの粒径分布

まず図5－2に、大気エアロゾルの代表的な粒径分布を示す。このように、大気エアロゾルはいくつかの粒径分布の和で表され、第1章でも述べたように、体積（質量）で表示した粒径分布（図5－2c）においては、粒径二マイクロメートル付近を境に二つの分布の山が見られるのが特徴だ。私たちは、粒径が二マイクロメートル以下の粒子を「微小粒子」、二マイクロメートル以上を「粗大粒子」と呼んでいる。また図5－2cのように、体積濃度で見れば微小粒子よりも粗大粒子がやや多く存在している場合でも、表面積濃度で表示した場合の粒径分布（図5－2b）では、微小粒子が最も大きな影

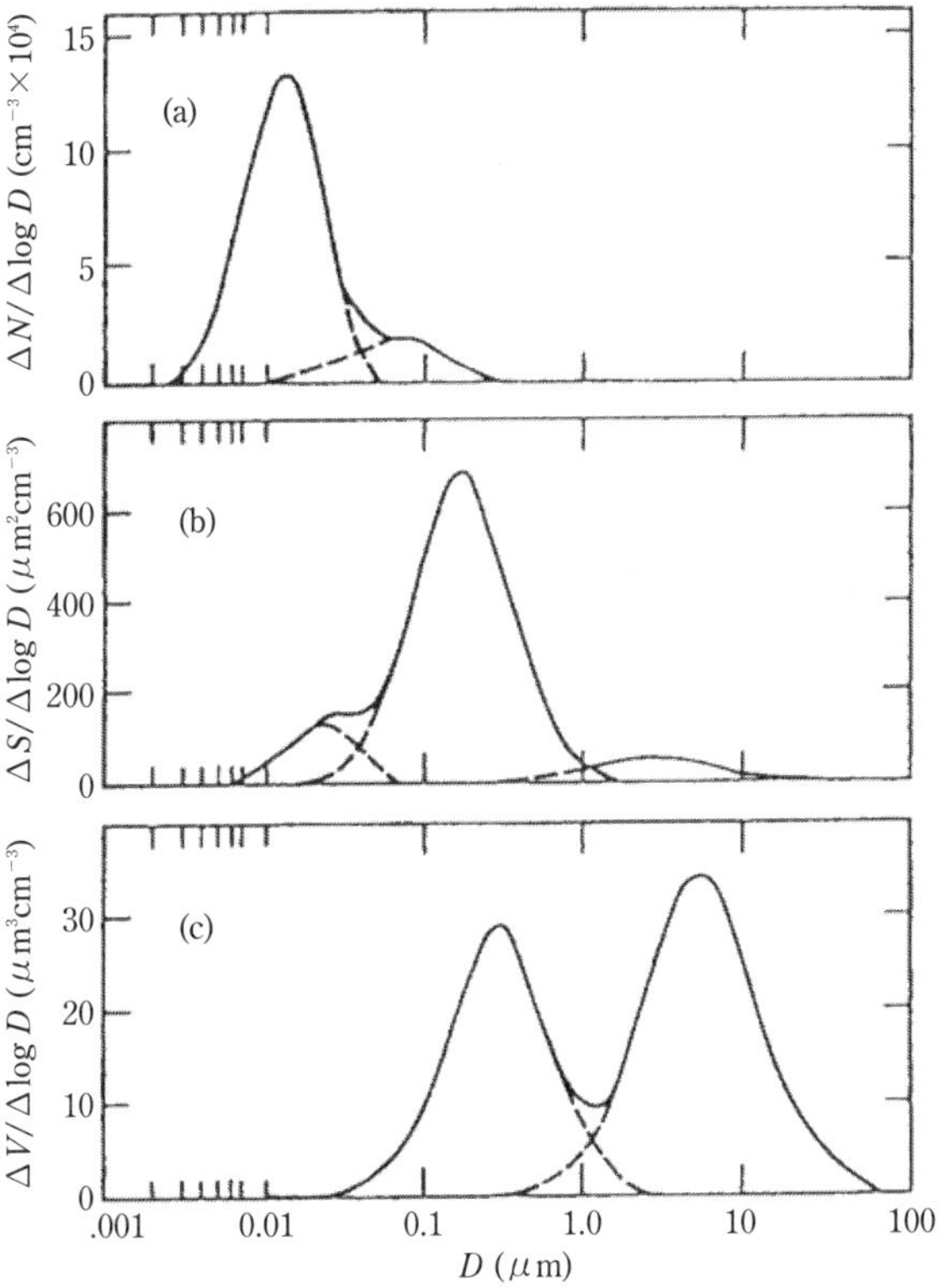

図5-2●大気エアロゾルの粒径分布（Whitby and Sverdrup (1980) より）
(a) 個数 (*N*) 表示の粒径分布、(b) 表面積 (*S*) 表示の粒径分布、(c) 体積 (*V*) 表示の粒径分布、*D* は粒子の直径

響を及ぼしている。後で述べるように、エアロゾルの光散乱の強さ（散乱係数）は、ほぼその表面積（断面積）に比例するから、エアロゾルの光散乱による気候影響を考える場合には、微小粒子による影響が最も重要となる。

■エアロゾルによる太陽放射の散乱・吸収

太陽からの光が実際の大気中を通る場合、エアロゾルが存在すると、どんな影響を受けるのか、その散乱・吸収過程についてみてみよう。図5－3は、太陽から放射されるエネルギーの波長別の分布を示したものだが、図の外側の実線が地球大気の上端に入射する太陽放射エネルギー、破線が五七八〇K（Kは絶対温度）の黒体放射エネルギーの波長分布である。黒体とは、すべての波長の光（電磁波）を完全に吸収する（理論上の）物体のことだ。

よく知られているように、太陽放射はほぼ五七八〇Kの黒体に等しい波長分布をしていて、〇・四五～〇・五マイクロメートルの波長域に最大のエネルギーをもっている。この太陽放射は、大気を通過して地表に届くまでに、空気の分子による散乱のためかなりの部分が宇宙空間へ跳ね返される。この場合の散乱は「レーリー散乱」と呼ばれるもので、入射してくる光の波長に対して粒径が非常に小さい場合の散乱で、散乱される割合は波長の四乗に反比例する。このため、波長〇・四～〇・七マイ

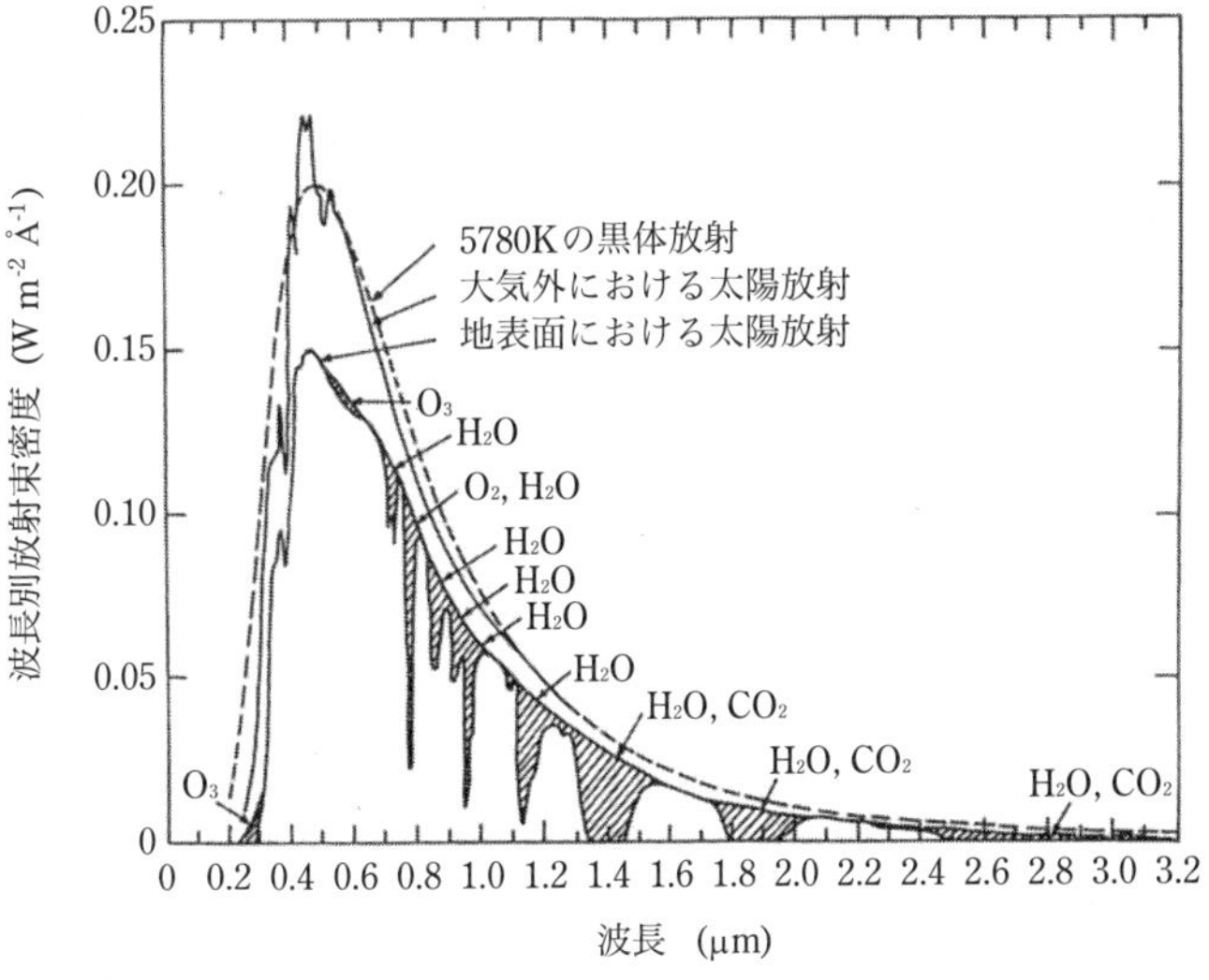

図5-3●太陽放射のエネルギー分布曲線（Iqbal（1983）を一部改変）

クロメートルの可視光領域では、太陽から放射されるエネルギーは地表に到達するまでに、かなりの部分が減衰している。

それに対して、〇・七〜四マイクロメートルの長い波長（いわゆる近赤外領域）の放射は、レーリー散乱による減衰をほとんど受けない。しかし、この波長域では水蒸気と二酸化炭素（CO_2）の吸収帯があるので、太陽放射はこれらの気体成分によりかなり吸収される（図の斜線部分）。こうした結果、最終的に地表に到達する太陽放射のエネルギー波長曲線は、図5－3のいちばん内側の曲線で示されるようなものとなる。

ここで注目すべきことは、地表に到達する太陽放射エネルギーの波長分布曲線は、波長〇・四五マイクロメートルで最大のエネルギーをもっていること、そして波長〇・四〜〇・七マイクロメートルの可視領域においては、オゾンによるごくわずかの吸収を除いて、ほとんど吸収がないことである。そのため、可視光領域の波長のエネルギーを吸収する（つまり色をもつ）ような物質、たとえばスス（黒色炭素）の粒子や土壌粒子が大気中に存在した場合には、それらの粒子が太陽放射を吸収することによって、大気が直接的に加熱され、気温が上昇することになる。

■エアロゾルによるミー散乱

ところで、大気エアロゾルは粒径が一ナノメートル～一〇〇マイクロメートルに及んでいて、太陽放射の波長域である〇・四～四マイクロメートルと同程度あるいはそれ以上の大きさの粒子を数多く含んでいる。そのため、エアロゾルによる太陽放射の散乱は、さきに述べたレーリー散乱として取り扱うことはできない。このような大きさの粒子による光散乱過程を取り扱う理論をミー散乱理論と呼び、その場合の光散乱をミー散乱という。

ある波長の光が粒子によって散乱された場合に、その入射光がどの方向にどのような割合で散乱されたかを示すことを散乱光の角度分布という。図5－4に大きさの異なる粒子による散乱光の角度分布を示したが、図中の（a）は入射光の波長に対して粒子の大きさが非常に小さい場合の散乱、すなわちレーリー散乱の角度分布である。この場合には、光は入射してきた方向に対して前方および後方に同じ割合だけ散乱される。一方、（b）は入射光の波長と粒径がほぼ同程度の場合のミー散乱、（c）は入射光の波長に比べて粒径がはるかに大きい場合のミー散乱による散乱光の角度分布だ。粒径が大きくなるほど前方への散乱が卓越してくるのがわかるだろう。

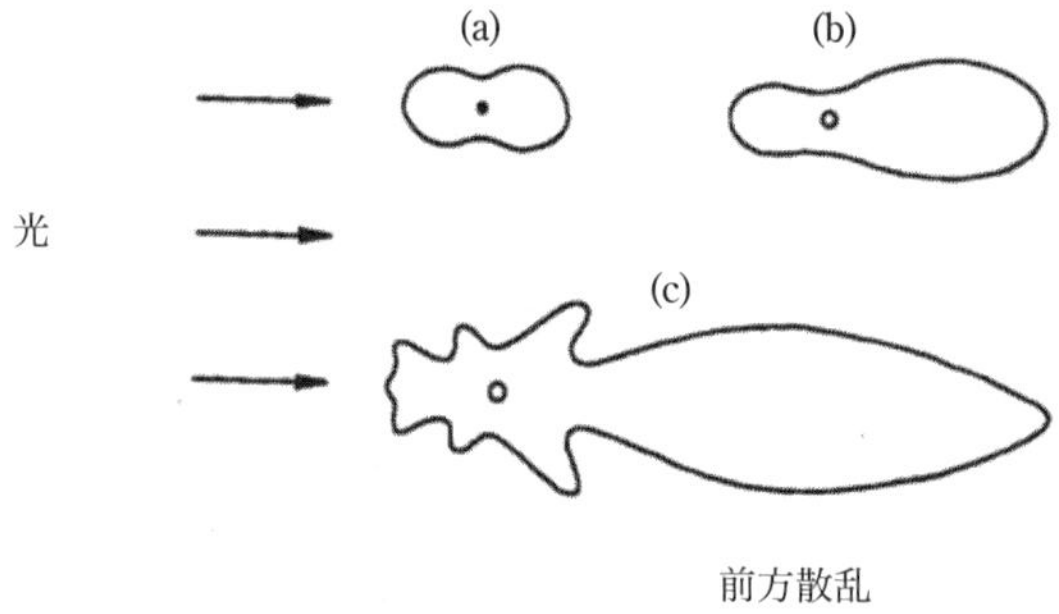

図5-4●粒子による散乱光の角度分布（Liou（1980）より改変）
（a）はレーリー散乱、（b）は入射光の波長と粒子の粒径が同程度の場合のミー散乱、（c）は粒径がはるかに大きい場合のミー散乱の散乱光の角度分布

■エアロゾルによる光の散乱と吸収

さて、これまでは一個の粒子による光散乱について述べてきた。しかし、実際には、大気エアロゾルはさまざまな粒径と成分からできている粒子の集合体だ。そのため、実際の大気や地表面による太陽放射の反射量や吸収量（地表気温の低下や上昇をもたらす量）を求めるためには、ある高度分布をもち、ある粒径と屈折率をもった大気エアロゾル全体について、太陽放射の伝達方程式を解かなければならない。すなわち、大気エアロゾルの光学的厚さが必要であり、さらに大気中の各高度におけるエアロゾルの単一散乱アルベドωと散乱光の角度分布の関数が必要となる。これまでにも、「光学的厚さ」という言葉を用いてきたが、ここで定義しておけば、「光学的厚さ」とはそれぞれの高度でのエアロゾルの体積消散係数を地表から大気上端まですべて足し合わせたものである。太陽放射は上空から地上に到達する間にその量が減少するが、これを減衰または消散と呼び、消散はエアロゾルによる散乱と吸収の両者によって起こる。単一散乱アルベドωとは、体積散乱係数の体積消散係数に対する比で、エアロゾルによって消散され失われた光のエネルギーのうち、どれだけが散乱によって失われたか、その割合を示すものだ。すなわち、ω＝一・〇の場合には、吸収はなく、散乱のみによって光が消散されたことを示し、ωが一よりも小さくなるほど、吸収によって光のエネルギーが失われる割合が増えることを示す。

(3) エアロゾルの直接効果と間接効果

■エアロゾルによる地球の冷却化

もしも大気中に含まれるエアロゾルの総量（光学的厚さ）が変化したり、エアロゾルの放射特性（単一散乱アルベドと散乱光の角度分布関数）が変化したりすると、大気の上端で宇宙空間へ跳ね返される太陽放射量が変化し、地球全体が獲得する正味の太陽放射量が変化して、気候の変化を引き起こす。これが、大気エアロゾルの直接効果あるいはアルベド効果と呼ばれているものだ。

「気候変動に関する政府間パネル（IPCC）」は、一九九五年の評価報告書で、過去一〇〇年間の硫酸エアロゾルの増加に伴う直接効果が、温室効果ガスの増加に伴う地球の温暖化を約半分程度に抑制してきた可能性があると述べている。つまり、過去一〇〇年間に地球の平均気温は〇・四五±〇・一五℃上昇したが、過去一〇〇年間の温室効果ガスの増加量だけに基づいて気温の上昇量を見積もると、その計算値は実測値を上回ってしまう。これに対して、硫酸エアロゾルによる直接効果（アルベド効果）を考慮して計算すると、ほぼ実測値を再現できるのだという。ただ、このIPCCの算定では、用いられている二酸化硫黄（SO_2）の地域別の発生量や二酸化硫黄から硫酸エアロゾルへの酸化速度、降雨や雲による大気中からの除去率などの値が確定されたものではなく、また硫酸エアロゾル以外の、すなわち有機エアロゾルやススなど他の成分のエアロゾルの影響が考慮されていないことなど、問題も多いと言われる。そこで、二〇〇七年に出た最新のＩＰＣＣ第４次評価報告書では、自然起源のエアロゾル（砂塵嵐や、火山噴火などで舞い上げられたエアロゾル）と、人間活動に起因するエアロゾル（硫酸エアロゾル、バイオマス起源のエアロゾル、黒色炭素（ＢＣ）、有機エアロゾルなど）の効果が評価されている。

■大気エアロゾルの直接効果

さて、この大気エアロゾルの直接効果を見積もるためには、エアロゾルが存在する大気（混濁大気）中の太陽放射の伝達方程式を解かなければならない。そのためには、大気エアロゾルの

①放射特性（単一散乱アルベドωおよび散乱光の角度分布関数）

②光学的厚さ

が与えられなければならない。これらのうち、①の放射特性については、大気エアロゾル全体の粒径分布と屈折率が与えられれば、ミー散乱理論に基づいて計算により求めることができる。

ただし、正確に言うと、この場合の屈折率とは「複素屈折率」で「実数部」と「虚数部」がある。どう

いうことかというと、物質に光が入射した場合、すべての光が屈折して出ていくわけではなく、吸収されて減衰してしまう部分もある。この減衰部分（マイナスの部分）を考慮したのが複素屈折率だ。これまでに、大気エアロゾルの複素屈折率の「実数部」つまり減衰せずに出ていく部分の値はほぼ一・五〇〜一・五五程度ということが明らかとなっている。しかし、「虚数部」については測定例が少なく、また得られた値も一定ではない。また単一散乱アルベドについても、得られた測定値が場所により、また季節により大きく変動し、一定でない。

二酸化炭素やメタンガスなどの温室効果ガスは、反応性が低く、大気中での滞留時間が一〜一〇〇年と長いため、その分布は地域的にも季節的にもそれほど大きな変動はない。一方、大気エアロゾルは、大気中での滞留時間が一週間程度と短いことから、その分布は地域的、季節的に大きく変動している。そのため、大気エアロゾルの直接効果を見積もるためには、大気エアロゾルの光学的厚さと、単一散乱アルベド（あるいは複素屈折率の虚数部）についての季節別の広域分布を、実際の観測によって決定していくことが重要なのだが、まさしくエアロゾルが激しく動くゆえに、まだ正確に定まっていないのが実態だ。

とはいえ、「わからない、わからない」ばかりでは、どうしようもない。そこで、私たちは、東アジア地域での観測に基づいて、東アジアの大気エアロゾルの光学・化学特性を求めてきた。具体的には、二〇〇一年以降、長崎県福江島、鹿児島県奄美大島、沖縄県宮古島、東京都小笠原父島などにおいて、大気エアロゾルの散乱係数と吸収係数（この両者から単一散乱アルベドが求められる）、粒径分布、化学成分、および光学的厚さの測定を行ってきた。その一例を示そう。

図5－5は、二〇〇一年四月に奄美大島で測定された粒径二マイクロメートル以下（つまり微小粒子）のエアロゾルの散乱係数、吸収係数、単一散乱アルベドである。また図5－6は、化学成分濃度（化学組成）だ。図5－5は、二〇〇一年の四月三～四日、一〇～一七日、一九～二一日、二六～二八日に散乱係数が急増しており、エアロゾルの濃度が高かったことを示している。この高濃度エアロゾル時の単一散乱アルベドは、四月三～四日、一二～一七日、一九～二一日、二六～二八日に、〇・八〇～〇・八五というかなり低い値を示していて、吸収性の強い（つまり黒い）エアロゾルであったことがわかる。一方、四月一〇～一一日は、〇・九八という非常に散乱性の強い（つまり白い）エアロゾルであったことを示している。

次にこの時期のエアロゾル成分についてみてみると（図5－6）、エアロゾル濃度が高かった四月三日、一〇～一六日、一九日、二六～二八日に、硫酸エアロゾルの濃度が増加している。また、四月一〇日を除いてのこれらのエアロゾル高濃度時には、黒色炭素（BC）粒子も高い濃度を示している。この結果、この時期の単一散乱アルベドが〇・八〇程度まで低下したようだ。一方、四月一〇日に単一散

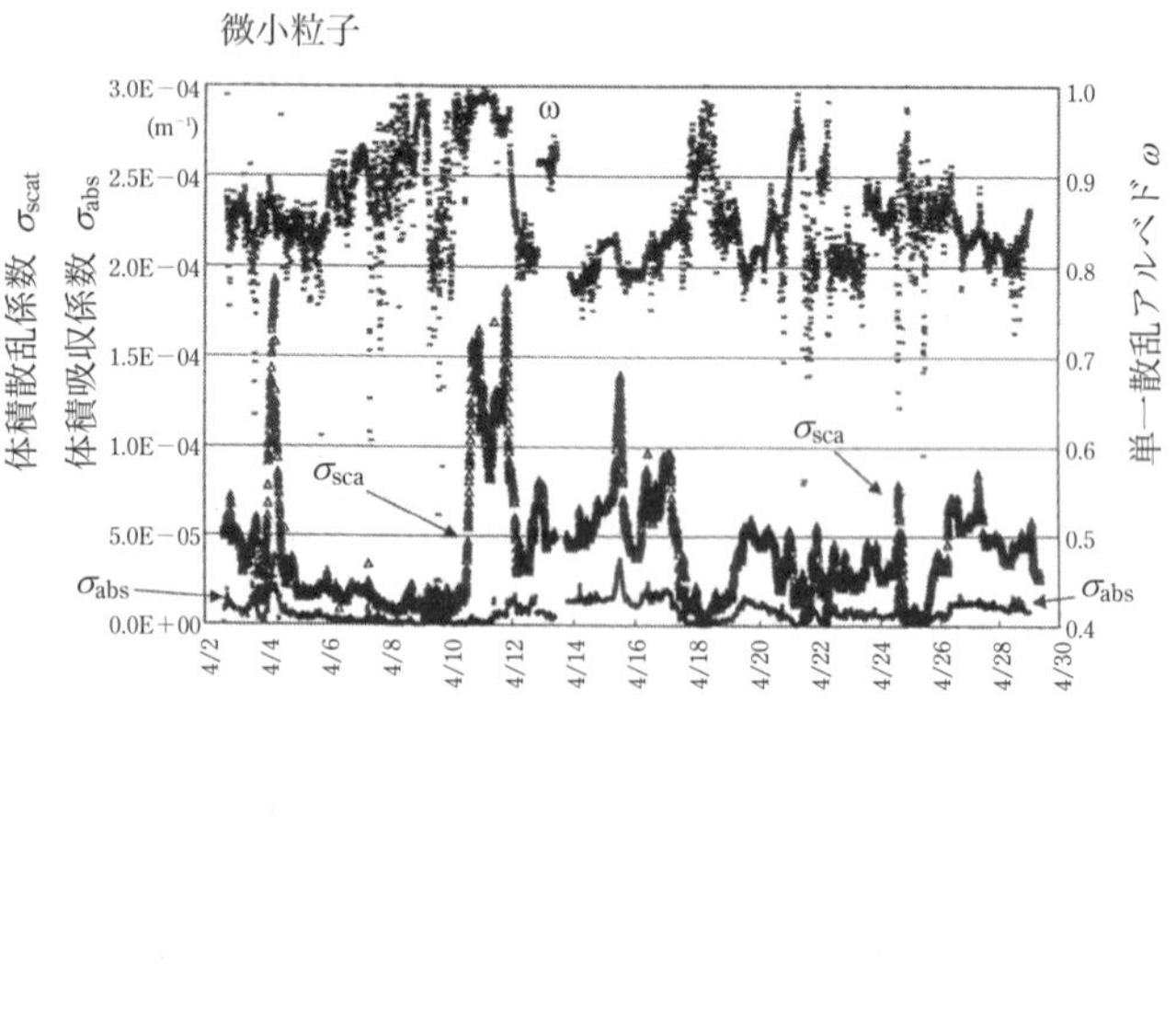

図5－5● 2001 年 4 月、奄美大島における散乱係数、吸収係数および単一散乱アルベド

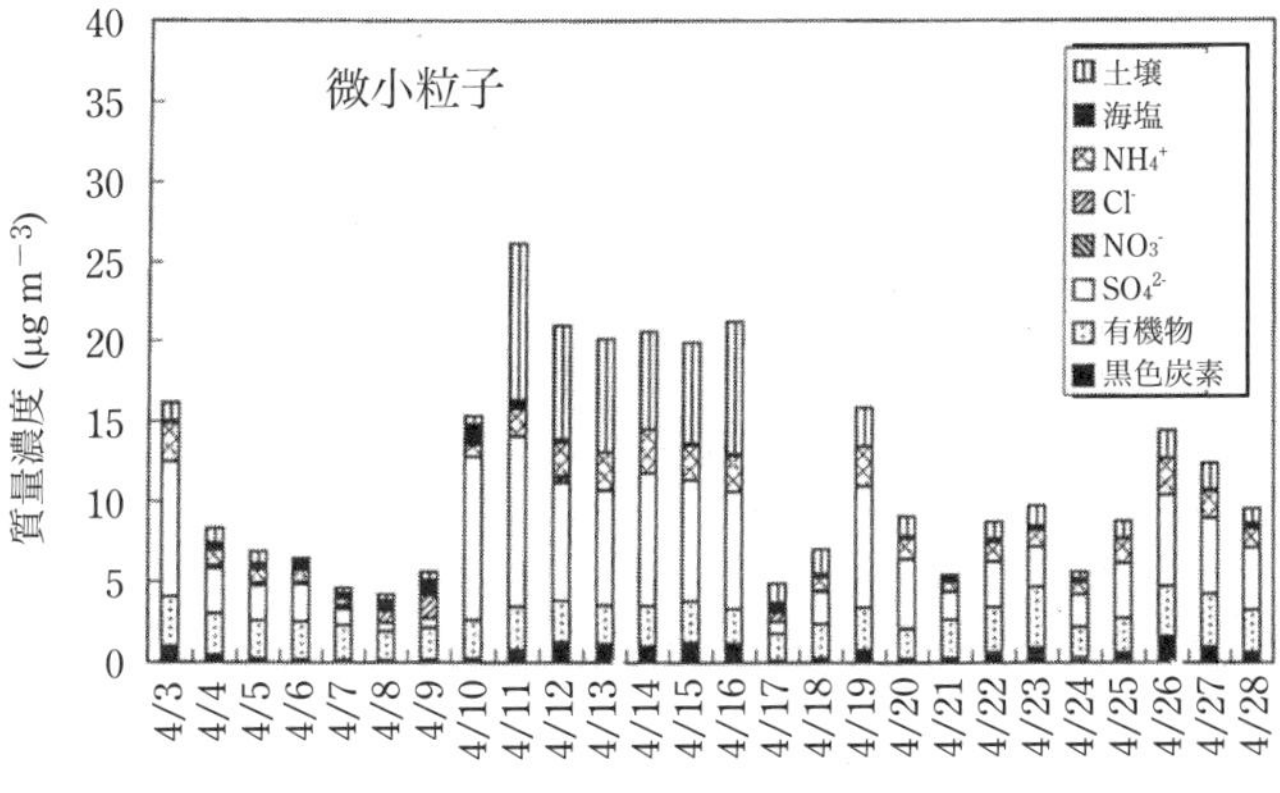

図5-6 ● 2001年4月、奄美大島における大気エアロゾルの化学組成

乱アルベドが〇・九八という高い値を示していたのは、硫酸塩粒子や有機エアロゾル濃度が高かったのに対して、黒色炭素粒子、土壌粒子の濃度が非常に低かったためである。

ちなみにこの時期の大気の流れを見てみると、四月一〇～一一日には三宅島から奄美大島に向けて、風が吹いている。当時、三宅島火山からは高濃度の二酸化硫黄ガスが排出されていたので、この二酸化硫黄ガスが輸送中に硫酸イオン粒子にまで変換されて奄美大島に達し、その結果、奄美大島の大気中硫酸イオン粒子(硫酸エアロゾル)の濃度が特に増加したらしい。一方、四月一一～一六日に土壌粒子濃度が急増しているが、この期間には、大気が中国大陸西部および西北部から奄美大島へ向かって移動していることがわかった。図には示していないが、エアロゾル中の金属成分についても分析を行ったところ、エアロゾル濃度の高いこれらの日に、特に鉛や亜鉛が高濃度を示していた。言うまでもなく、これらは鉱工業やごみ燃焼などの人間活動に伴い多量に排出される特有成分だ。これまでにも何度か紹介したように、中国大陸から日本および東シナ海域に向けて、黄砂だけではなく、大気汚染物質もまた多量に輸送されているわけだ。こうした観測を続けることで、東アジアでの大気エアロゾルの放射特性、化学組成と光学的厚さの地域別・季節別分布が明らかになる。その結果、季節別・地域別分布に基づいた太陽放射の伝達方程式を解くことができ、大気エアロゾルの直接効果が明らかになっていくのだ。

■大気エアロゾルの間接効果

雲粒(水滴)が生成する際、もし純粋な水蒸気のみから水滴が作られるとすると、過飽和度(相対湿度で一〇〇パーセントを超えた分を過飽和度と呼ぶ)は三〇〇〜四〇〇パーセントでなければならない。しかし、実際の大気中では、過飽和度がたかだか〇・五パーセント程度で雲が生成される。第2章で述べたように、これは、大気中に雲粒を生成するための核となる水溶性のエアロゾルが存在するためだ。今のところ、硫酸エアロゾル(硫酸粒子および硫酸アンモニウム粒子)と海塩粒子が、有効な雲核として知られている。雲粒はこれらの粒子を核として生成されるが、雲水量(単位体積の大気中に水滴として存在している水の量)が同じでも、この雲核になることのできる粒子の数が増加した場合には、粒径は小さいが、より数の多い雲粒が作られる可能性がある。一般に、雲水量が同じ場合には、雲の日射反射率は雲粒数の多いもののほうが大きくなる。したがって、雲核数が増加すると雲粒数が増加し、雲の日射反射率が増加して、その結果、地表に到達する日射量が減少し地球気温が低下する。これが大気エアロゾルの間接効果と呼ばれるものだ。

ところで、第4章で述べたように、大気中には水溶性のエアロゾルとして、海塩粒子や硫酸エアロゾルのほかに、有機エアロゾル、特にシュウ酸などのジカルボン酸粒子もまたかなり存在することが明らかとなってきた。そして私たちは、これらのジカルボン酸エアロゾルが、雲粒を生成することを実験的に明らかにした。その結果を示したのが図5－7だが、シュウ酸アンモニウムとフタル酸、リンゴ酸粒子は、硫酸アンモニウムとほぼ同じ過飽和度で雲粒を生成している。このうちシュウ酸アンモニウム粒子は都市部ではかなりの高濃度で存在しており、また、汚染物質が大気の動きで長距離移動した場合、移動先の遠隔地でもかなりの濃度で存在することが報告されている。こうした有機エアロゾルの動向も、今後の間接効果の研究において考慮すべき重要な課題である。

（4）真っ暗な地底で雲を作ってみる

エアロゾルの間接効果に関わる面白い研究を紹介しよう。雲というのは、昔から、人々にとってたいへん気になる存在だ。運動会や遠足なら雨は降らないのがよいのはもちろんである。農作物の成長を楽しみにしている人たちは、適度に雨が降り適度に晴れてくれなければ困るし、気温も気になるところだ。このようにいつも人が気にしているわけだから、これまでの科学で、「いつ、どこに、どのような雲ができるのか」ということは大体わかっている。夏には入道雲が地表から上空まで、秋にはいわし雲やひつじ雲が上空に、という具合である（図5－8）。しかし、その雲に近寄って、どうなっているかを知ることはなかなか簡単なことではない。空に浮かぶ雲を手にとってみることはできないからで

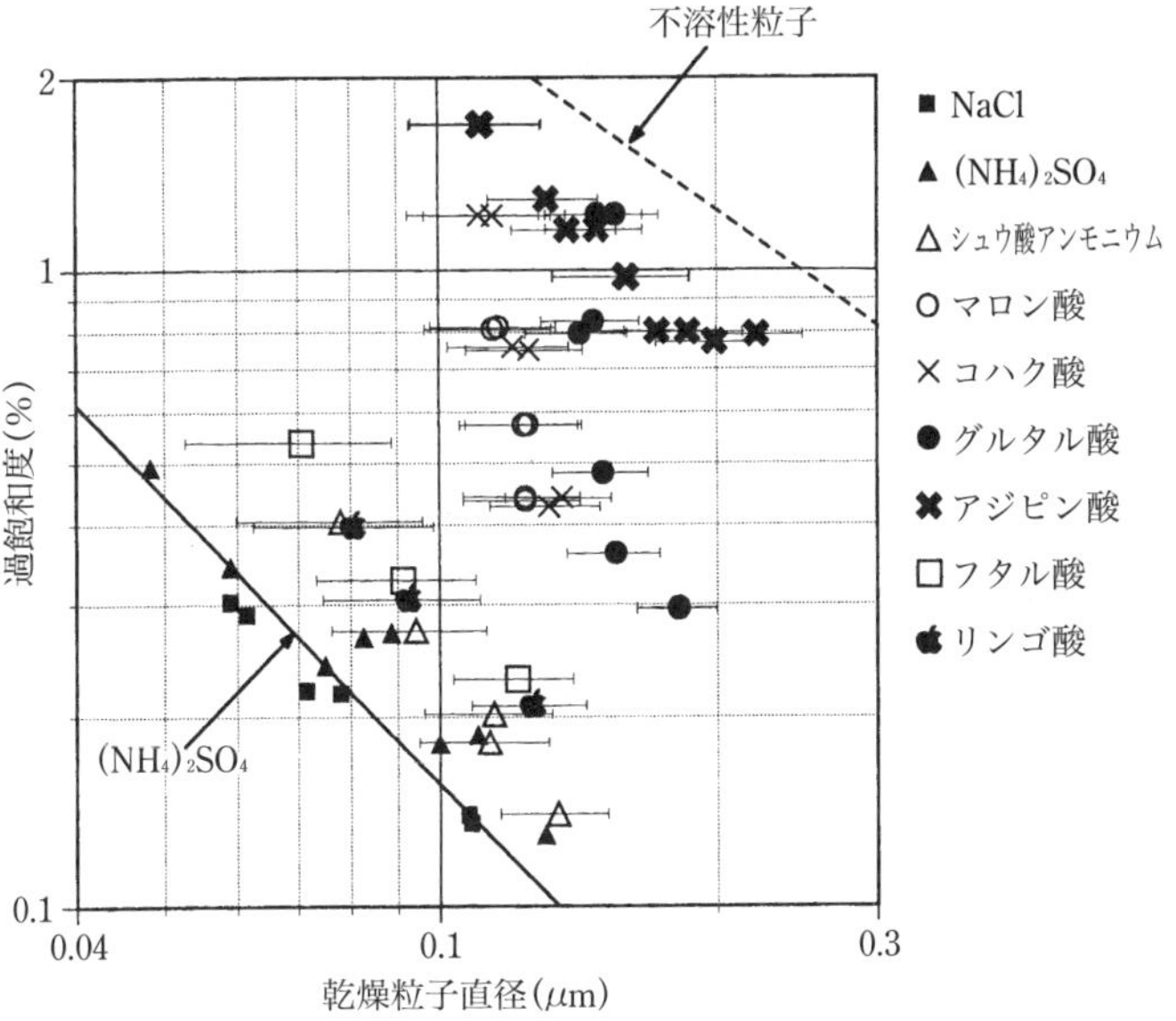

図5-7●実験室で発生させたジカルボン酸エアロゾルの臨界過飽和度と乾燥粒径の結果。実線及び破線は、硫酸アンモニウム（$(NH_4)_2SO_4$）及び表面親水性の不溶性粒子それぞれの理論計算値を示している

図5-8●海上の積乱雲

あるが、しばしば「地面に脚をつけた雲」といわれる霧を相手にしてもそれは難しい。というのは、雲（や霧）を形作っている雲粒はごく小さな水滴のため、ちょっとした温度変化でできたり消えたりするからである。消えてしまっては話にならないのはもちろんだが、一方、できた雲粒はどんどん成長してしまって、やがて重くて空中に浮かんでいられなくなり地面に落ちてしまう。こうなっては地面の「濡れ」でしかなく、もはや「雲粒」ではない。このように、なかなか近寄って手に取ることのできない雲をきちんと理解することはそれこそ「雲をつかむような」話なのである。

しかし、これまで書いたように、雲は地球環境に大きな影響を与える。雨を降らし地球上の水の動きを司っているだけでなく、地球の温度調節にも大きな役割を果たしている。先にアルベド効果という言葉を使ったが、飛行機に乗って雲を上から眺めたときに、太陽光の照り返しでとてもまぶしい経験をした人も多いだろう。これは、地上に届くはずの太陽の光を雲が跳ね返していることの現れで、それによって温度の上昇を抑えることになる。要するにこれがアルベド効果だ。

雲が地球温暖化にどう影響するのか、特に雲ができるときの芯として働くエアロゾル（雲核）が雲とどう関わっているかを理解することはとても大事なことなのである。

大気中に漂う多くの種類のエアロゾルの中でどのような種類のエアロゾル粒子が雲核として働くか、何パーセントのエアロゾル粒子が雲核として働いたか、などを大気中の雲で計ることは、エアロゾル粒子と雲との関わりを知る第一歩である。雲に比べて観測のしやすい、いわば「地面についた雲」である霧を相手に、ヨーロッパの研究者が共同してイタリア、ドイツ、イギリスで行った実験がある。「地上での雲実験（Ground-based Cloud Experiment）」と呼ばれるものだが、霧を相手にした研究には大きな弱点がある。霧は、地に足つけてじっくり観測できるけれど、その代わりいったん観測地点を決めた後はひたすらそこで霧が出るのを待たなくてはならないのだ。結局待っていた霧は現れずに、すごすごと引き上げるということもしばしばである。一方、飛行機を使えば目指した雲に向かって移動できるけれども落ち着いて観測することはできない。

このように自然の雲や霧を計ることは難しく、研究者はいつでも自然に近い状態の雲を自由に作り調べたいと思っていた。そして、この願いが、なんと日本の地下深い場所で実現したのだ。すなわち、使われなくなった鉱山の立坑（たてこう）を利用した「人工雲実験施設（Artificial Cloud Experimental System：ACES）」である。最初のＡＣＥＳは北海道上砂川町（三井砂川炭坑）に作られ、一九九一年から二年間に計五回実験が行われた。その後、ＡＣＥＳは釜石鉱山の廃鉱となった中央立坑に移され、一九九五年から二〇〇七年までの一三年間、年一回のペースで実験が行われている。雲をいつも計ることができる、このような実験施設は世界中にここだけで、とても貴重なものだ。

釜石鉱山内に作られたＡＣＥＳは図５－９のようになっている。坑内平均断面は三・一×五・七

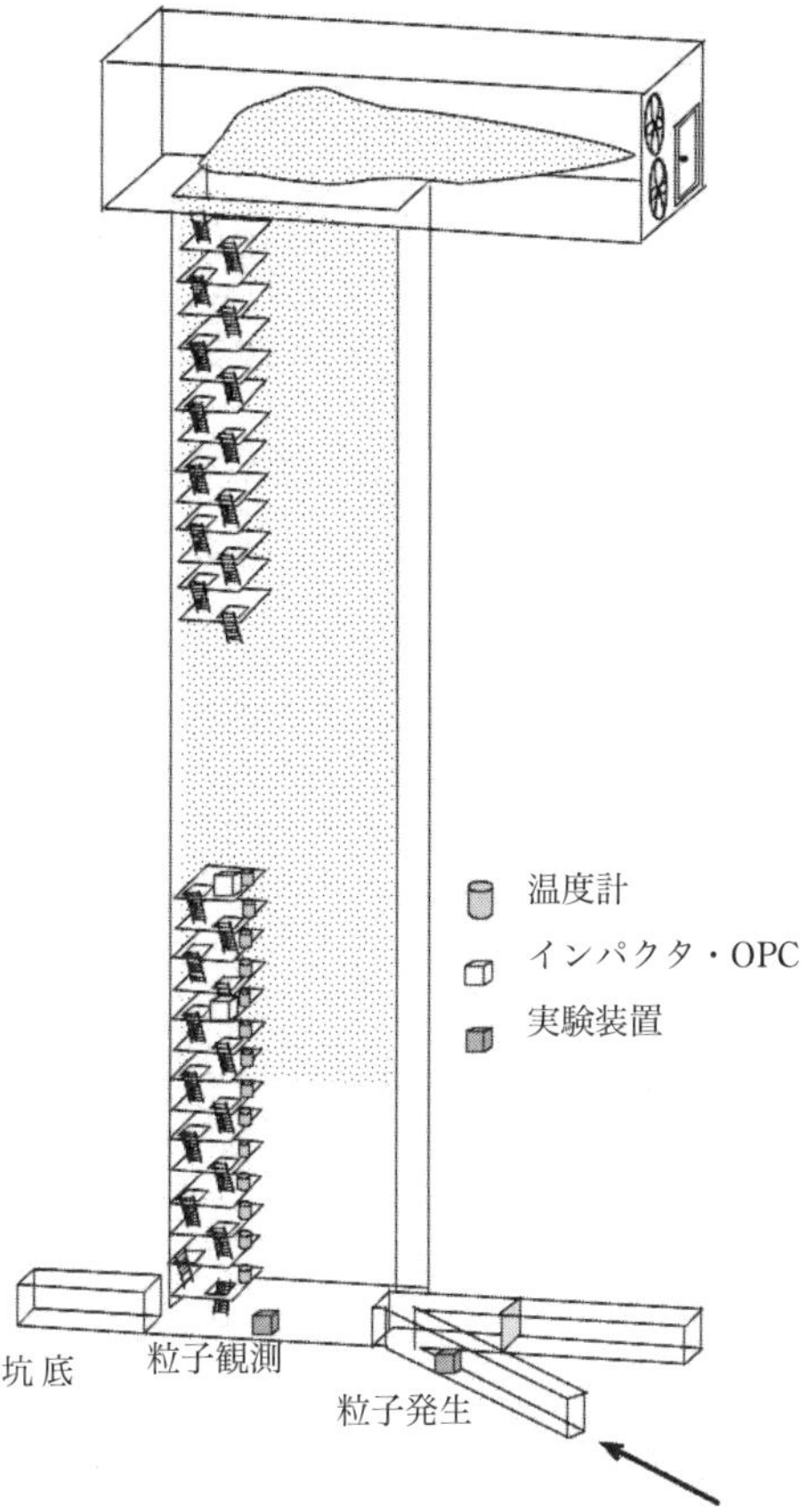

図5-9●釜石鉱山日峰中央立坑内に構築された人工雲実験施設

メートルで、観測できるのは標高二五〇メートル（坑底）から六八〇メートル（坑頂）までの四三〇メートルである。坑頂のファンを回し立坑内の空気を上昇させると、いつでも雲を発生させることができる。釜石鉱山内のACESでは、坑底の湿度は地下水によって年中ほぼ一〇〇パーセントになっているため、三〇メートル程度空気が上昇するだけで雲粒ができる。二〇〇五年観測時の立坑内温度分布は図5－10のようになっていた。坑底から三〇メートル程度以上、三〇～七〇メートル程度以上で温度の下がり方が違っているのは、それぞれ「雲がない状態」、「雲が盛んにできつつある状態」、「雲ができて安定している状態」に対応しているためだ。立坑の底でいろいろなエアロゾル粒子を発生させても、この温度変化の様子は大きく変わらないため、さまざまな条件でできた雲を連続してその場で計ることができる。雲ができている立坑内には、人が昇り降りできるはしごが坑底から坑頂まで備えられていて、三・五メートルごとに踊り場がある。これを使って好みの高さで雲を調べることが可能になっている。

ACESで行われた研究の一つに、エアロゾル粒子の量ができ上がる雲粒にどのように関わっているか、というものがある。前の節で述べたように、これは地球温暖化を知るためにはたいへん重要なことだが、実際にはほとんどわかっていないからである。実験そのものは、雲核として働くことがわかっている硫酸アンモニウム粒子の数を変化させて、でき上がる雲粒の個数を測るという簡単なもの

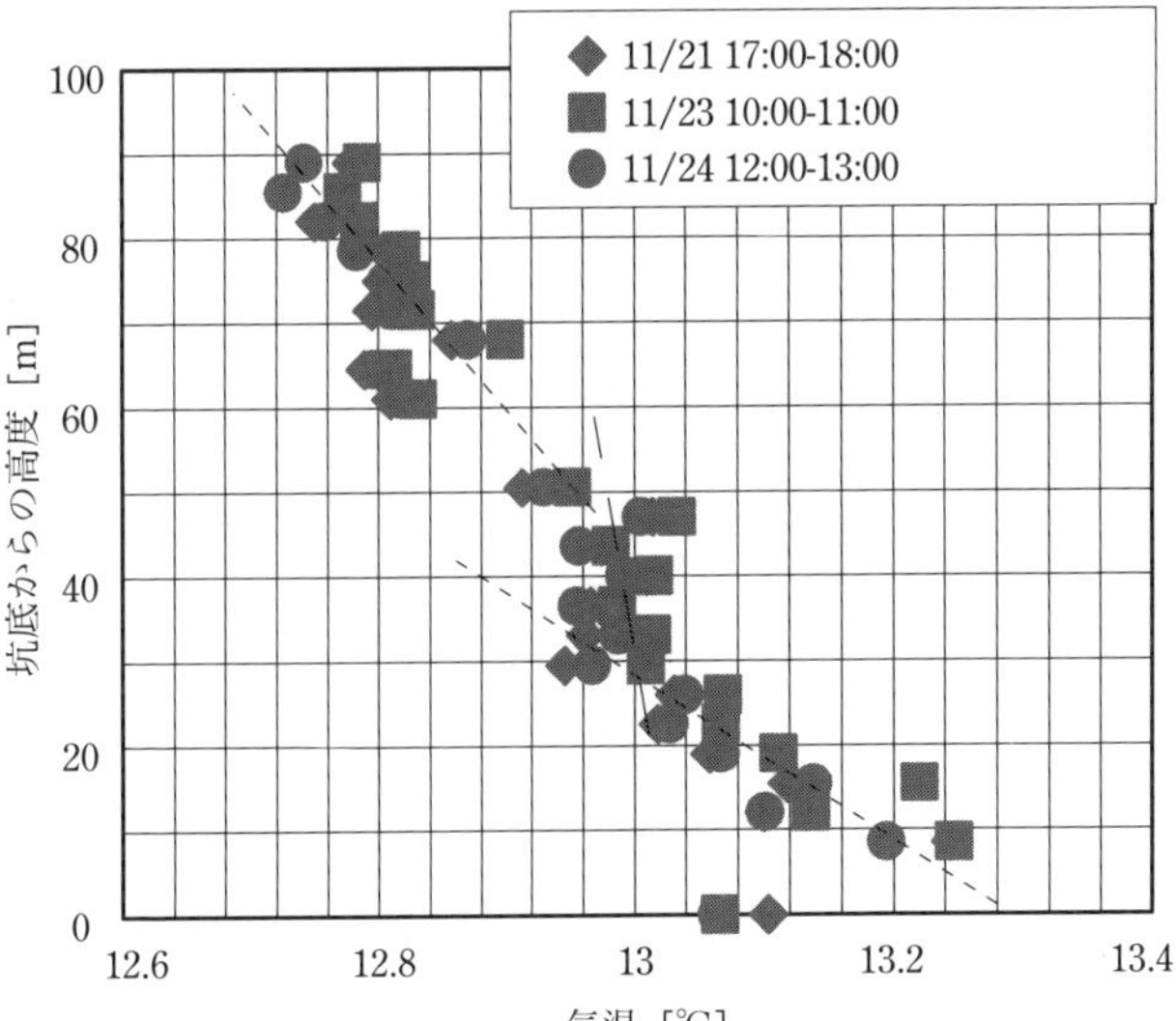

図5-10 ● ACES 内部の温度（2005 年観測、北海道大学低温科学研究所雲物理分野による測定結果）

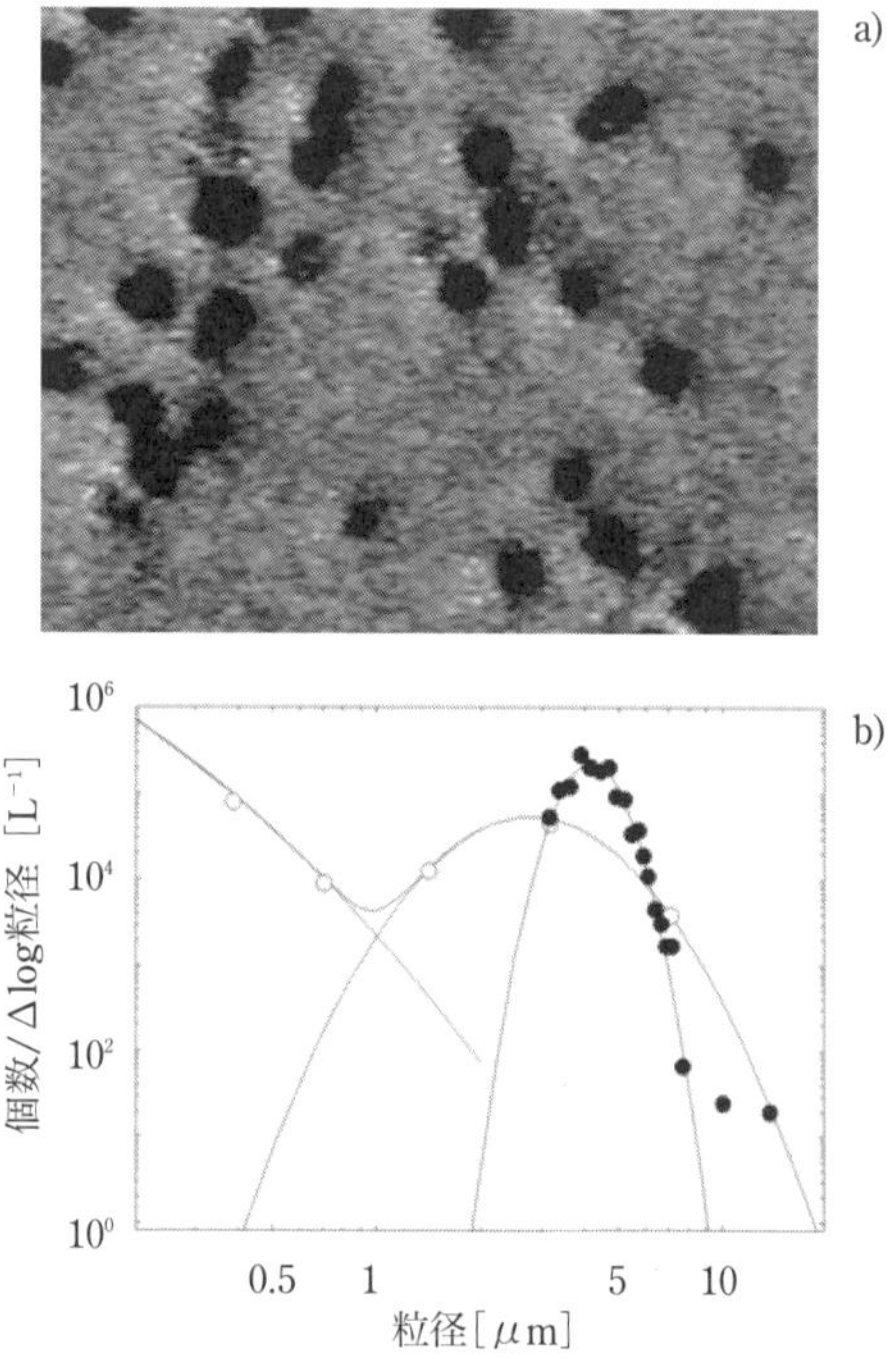

図5 - 11 ● ACESで捕集された雲粒の痕跡およびそこから得られた雲粒粒径分布（●）とOPCから得られた粒径分布（○）

である。でき上がった雲粒をススの上にぶつけると、図５－11ａのような痕跡ができる。これからもともとの雲粒の大きさを求めて、どれくらいの大きさの雲粒が何個あったかを図にしたのが、図５－11ｂである。このような図を作る作業には長い時間が必要だが、一方、光で粒子数を測定する装置（Optical Particle Counter：OPCという）を使うと、装置内で雲粒の水分が一部蒸発してしまい雲粒の大きさが小さくなるという欠点はあるが、連続して自動的に雲粒数を測れるため、多くの測定結果が得られる。この装置をＡＣＥＳ内の雲ができている二つの高度（五七メートル、七一メートル）に設置し測定した結果が図５－12である。データの上下にある棒は同じ条件で雲ができている間に得られた結果の最大値と最小値だ。これより高度七一メートルでは、一マイクロメートル以上の雲粒が増えていることがわかる。

ＡＣＥＳではこれ以外にも、二酸化硫黄（SO_2）ガスが雲粒に吸収され反応する様子、雲粒内への土壌粒子の取り込み、雲・霧がどれくらいのスピードで地面や植物上に落ちるのか、重さの違う水蒸気が雲になる速さは違うか、雲粒と雲粒の間にどれだけ微粒子があるのか、などの測定がなされている。雲についてより深く知ることは、地球温暖化の理解にも役立つ。このため、人工衛星による地球観測、航空機による上空の雲の調査、地上での霧の観測、室内での実験など、さまざまな取り組みが進められるだろう。それぞれで得られた結果を確かめる場としてＡＣＥＳはこれからも重要な働きを果たす

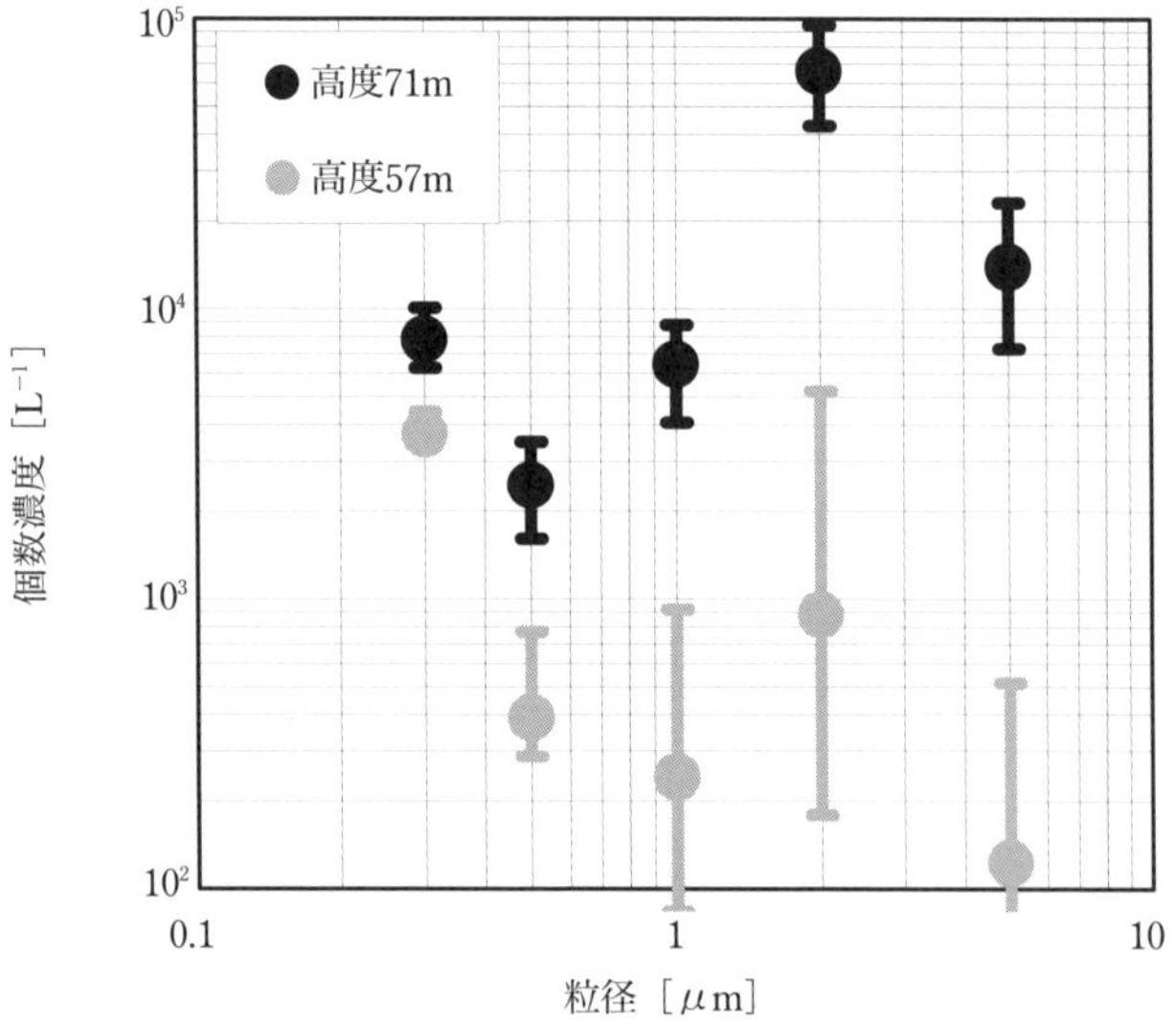

図5-12●ACES内の2高度でOPCによって観測された雲粒数（中央大学理工学部による測定結果）

ことが期待されるが、施設の維持に多くの費用がかかるのも事実だ。今、アメリカでもDUSEL(Deep Underground Science and Engineering Laboratory)という施設を作り、地底で雲の実験を行う計画が進んでいるが、これには複数の国から研究グループが参加するという話だ。日本で始まったACESがこれからどのように発展していくか注目していただきたい。

第6章 エアロゾルを利用する

さて、この本のタイトルは『大気と微粒子の話――エアロゾルと地球環境』だ。だから、これまでの章では、どうしてもエアロゾルは「大気汚染」とか「地球環境問題」という言葉との関わりでしか語られてこなかったし、一種「悪役」のような描かれ方にならざるをえなかった。

しかし、第1章の冒頭で書いたように、「ミスト」という語は、私たちの身近な化粧品の名前や宣伝文句でよく聞かれる。エアロゾルというのは、本来、空気中に漂う微粒子という意味で、そこには、悪玉という意味も、善玉という意味もない。だから、これまでの章だけを読まれた読者には、少々誤解を与えているかもしれない。いやむしろ、エアロゾルが身近なものであり、私たちの暮らしに関わりの深いものであることを知っていただくには、片手落ちの記述だったかもしれない。

そこで、この章では、エアロゾルを暮らしに利用する術について、ご紹介しようと思う。

1 ヘルスケアーとエアロゾル

「人為起源のエアロゾル」という言葉を何度も使ってきたが、それは単に工場の煙突からエアロゾルが出る、というだけではない。きちんと人が制御した形で、エアロゾルを発生させることもできる。その一つのプロセスに、「静電噴霧法」と呼ばれる方法がある。これは図6－1に示したように、印加電圧と対向電極間に生じる電圧差と表面張力と重力の合力によって液柱を形成し、その先端から一〇〇ナノメートル以下の微小液滴を発生させるという方法である。この基礎技術を松下電工が応用して、ヘアードライヤーや空気清浄機として実用化している（図6－2）。

静電噴霧により発生した微小液滴すなわちエアロゾルには除菌作用がある。これをヘアードライヤーに応用すると、頭皮についている一般細菌を除菌でき、またエアロゾルが酸性を示すため、毛髪の表面の角皮（クチクラ）、いわゆるキューティクルを引き締め、髪が保護されるという。また空気清浄機では、室内生活環境の除菌作用だけでなく、頭皮からの臭気の発生原因と考えられる頭皮一般細

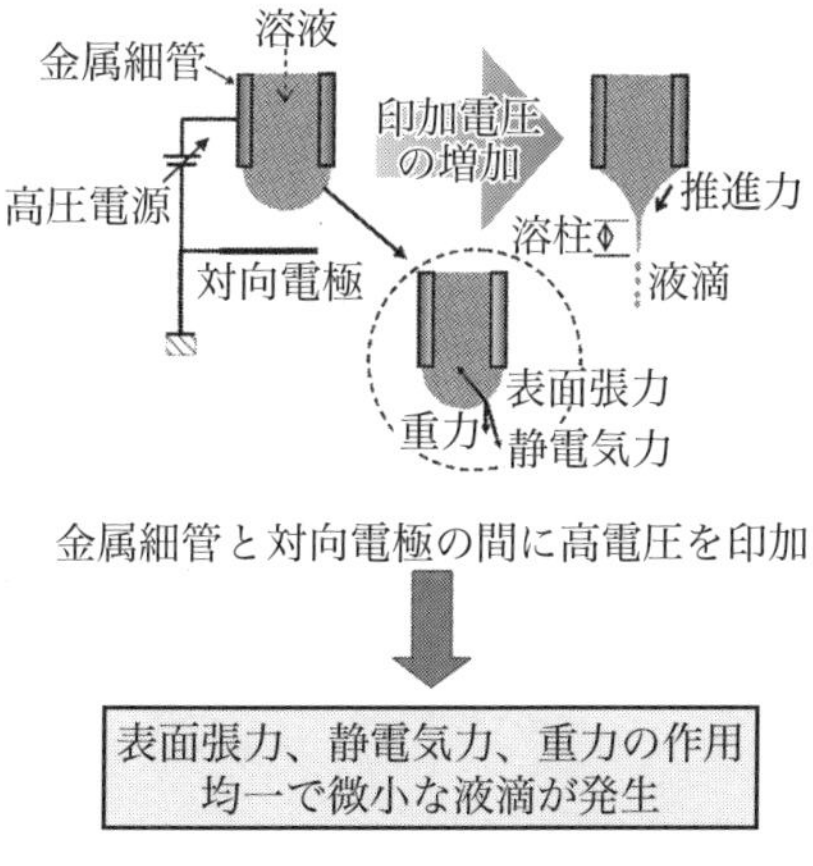

図6-1●静電噴霧法の原理

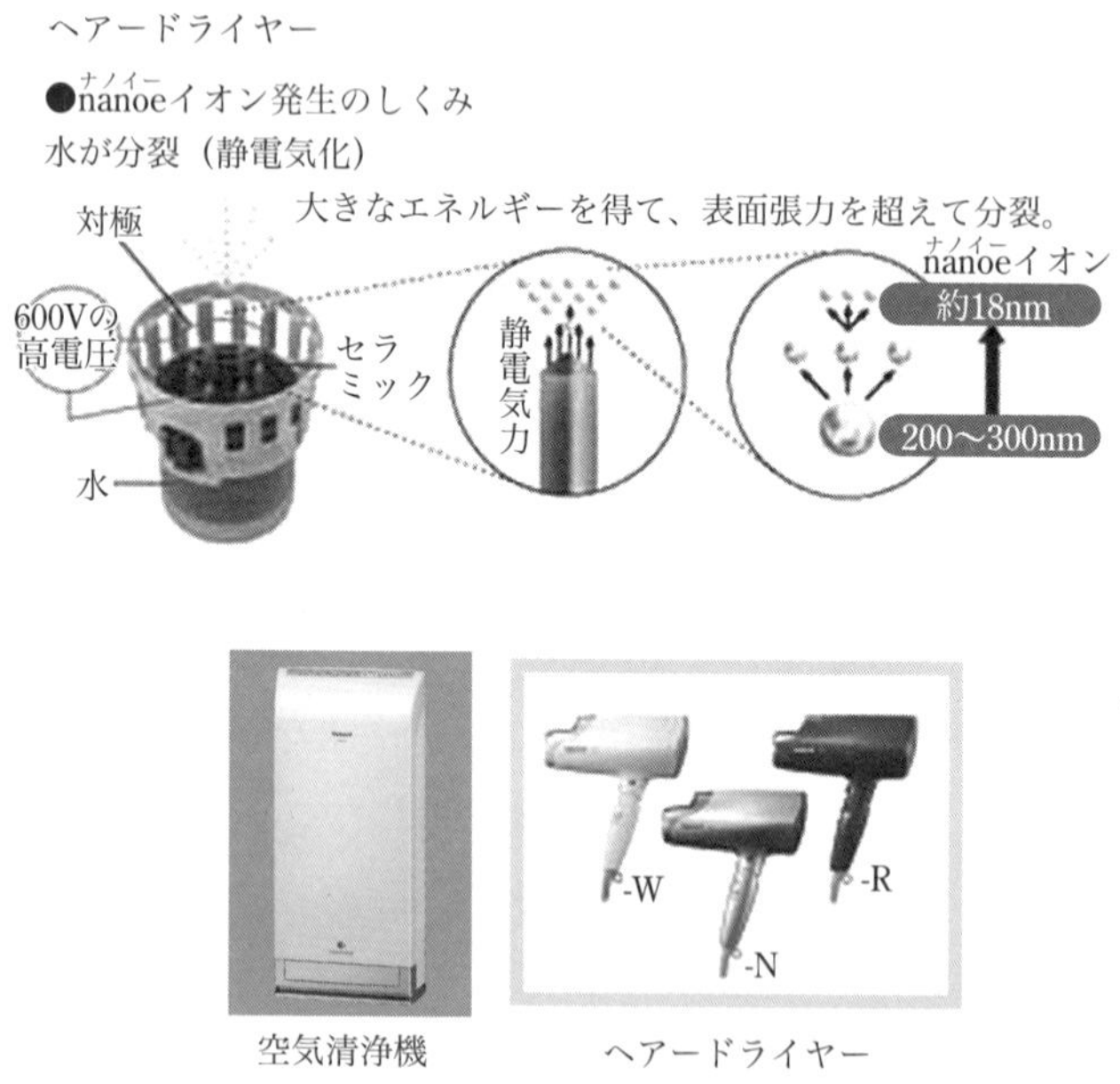

図6－2●静電噴霧法を利用した空気清浄機・ドライヤー（松下電工）

菌の除菌も行えるという。

この技術は、P&Gマックスファクター合同会社の「エアタッチファンデーション」にも応用されている（図6-3）。プラスイオンに帯電したファンデーションの粒子は、マイナスイオンに帯電した肌に引き寄せられる。静電噴霧法を用いることで、ファンデーションは、むらなく均一に肌につき、なめらかな仕上がりになるそうだ。

このように、各種の液体や固体をエアロゾル状にすることで、通常の形のままでは実現できない性質を持たせ、健康に役立つようにできるのだ。

2 工業材料への応用

カーボンブラック（前章までに何度か触れた黒色炭素＝ブラックカーボンとは違う）は、工業的に制御されて作られる、直径三〇〇〜五〇〇ナノメートルの炭素の微粒子だ。代表的なところでは、タイヤ用のゴム補強材や、黒色の顔料としての用途がある（図6-4）。このカーボンブラックは、主にオイルファーネス法と呼ばれるエアロゾル生成法で製造されている。この方法は、原料となる油を高温ガス

静電噴霧によって、電気を帯びた細かい粒子が肌に引き寄せられ、均一に塗布される

エアータッチ ファンデーション きれいの秘密

(+)イオン化されたミクロのファンデーション粒子は、(−)イオンをもつ肌だけに引き寄せられます。

(※イオン化されにくい髪や衣服には引き寄せられません)

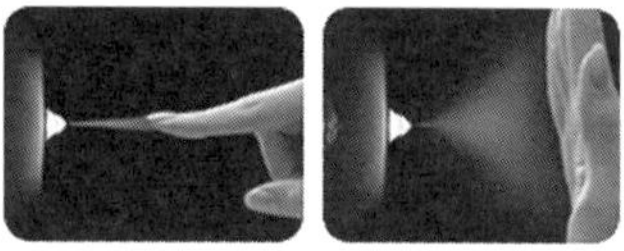

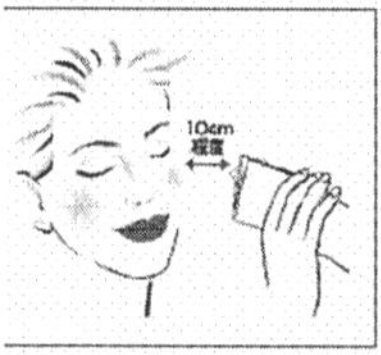

図6-3●静電噴霧法を利用した化粧品(マックスファクターSK-II)

カーボンブラック
約9割がタイヤ用のゴム補強剤として利用

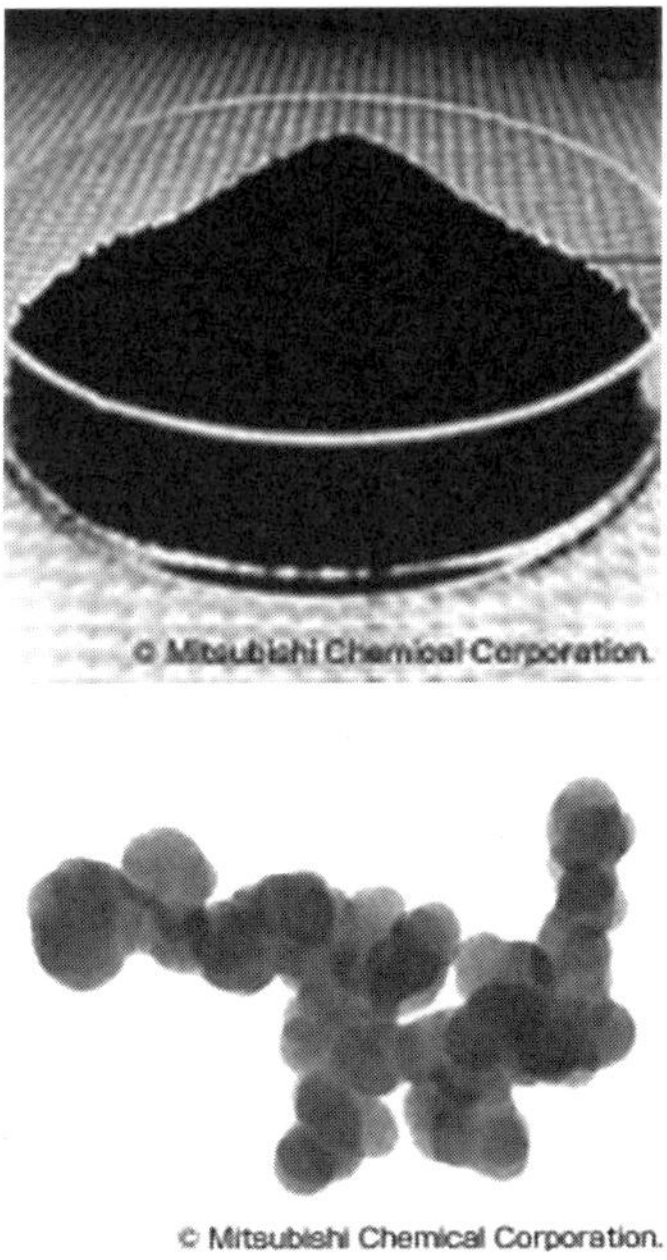

図6-4●カーボンブラック粉と粒子の電子顕微鏡写真（三菱化学）

中に連続的に噴霧し、熱分解によって炭素の微粒子にするもので、収率が高く大量生産に向き、粒子径や粒子形態などを広範囲に制御することができる。

地球上の地表付近で二番目に多い元素はケイ素だが、それが酸化されたのが二酸化ケイ素（SiO_2）だ。その結晶が石英やクリストバライトだが、ご存じのとおり、原料が豊富であること、熱や化学物質に対して安定であることから、きわめて幅広く用いられる。二酸化ケイ素はさまざまな構造をとることができ、結晶質のものと非晶質のものが存在するが、日本では非晶質二酸化ケイ素粒子のことを一般にシリカ粒子と呼ぶことが多い。なかでもフュームドシリカと呼ばれる高純度のアモルファス（非晶質）二酸化ケイ素は、増粘剤や補強剤、流動性改善剤などとして、多くの分野で利用されている（図6－5）。これは工業的には四塩化ケイ素の蒸気を酸水素火炎（酸素と水素を別々の管から同時に噴出させて点火した高温の火炎）中で、気相加水分解することにより製造されている。

今日の情報化社会を支えているのは、微小な電子部品をいかに作るかという技術だが、一台の携帯電話やパソコンに数百から数千個も使われている小さなコンデンサー（積層セラミックコンデンサー：MLCC）の電極として使われるのが、ニッケル（Ni）粒子である（図6－6）。工業的には塩化ニッケルの蒸気を水素と混合したのちに加熱して、水素還元反応させて作られる。エレクトロニクス機器の小型化・高性能化の要求はすさまじい。そのため、MLCCはさらなる大容量化・小型化・省資源化

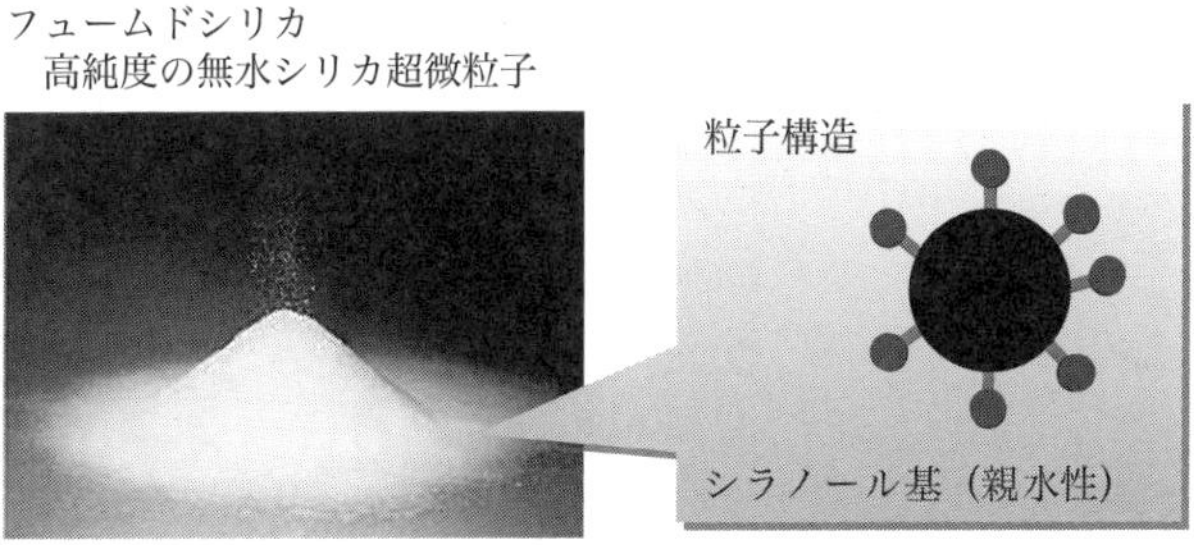

図6-5●フュームドシリカ粉（株式会社トクヤマ）と粒子構造の模式図

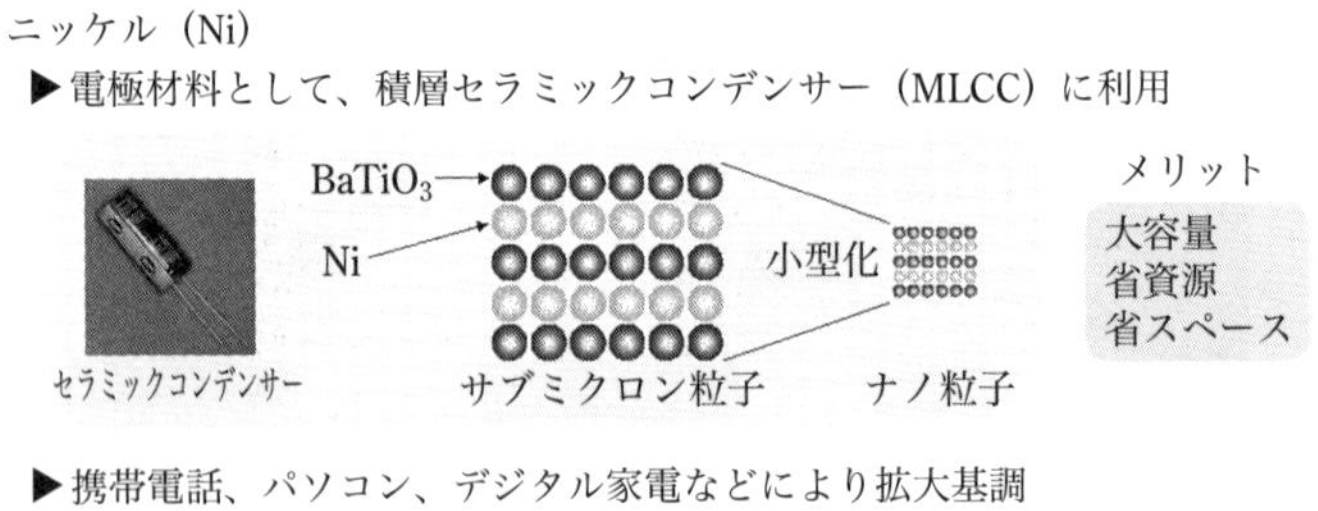

図6-6●ニッケルナノ粒子の工業分野における利用例

が求められていて、ニッケル粒子のナノサイズ化、高純度化の技術開発は日々進んでいる。このようにエアロゾル技術は、工業的に重要な微粒子の製造に直接応用されている。

3 医薬品分野へ

ナノテクノロジーの急速な進歩・発達を背景に、医学と工学が連携した技術開発として今たいへん注目されているのが、病気の体にできるだけ負担を与えずに患部を治すことを目的としたドラッグデリバリーシステム（ＤＤＳ）である（図６－７）。なかでも私たちが今取り組んでいるのは、たくさんの孔（穴）を持った粒子（ポーラス粒子）の開発である。

ポーラス粒子は、低密度であることから流動性が高く、気管を通して肺に薬剤を送る場合、通常の微粒子に比べて肺胞への到達率が高い。また、比表面積が大きいことから、薬剤の徐放に適している。今までの薬剤は、注射その他の方法で体内に入れても吸収・分解されてしまい、患部にたどり着くのは極微量で、ほとんどは無駄になっていた。しかし、この技術を使うことで、これからは、吸収されずに目標とする患部まで安定して確実に薬を送り、かつ患部では十分な活性、放出機能を発揮する薬剤

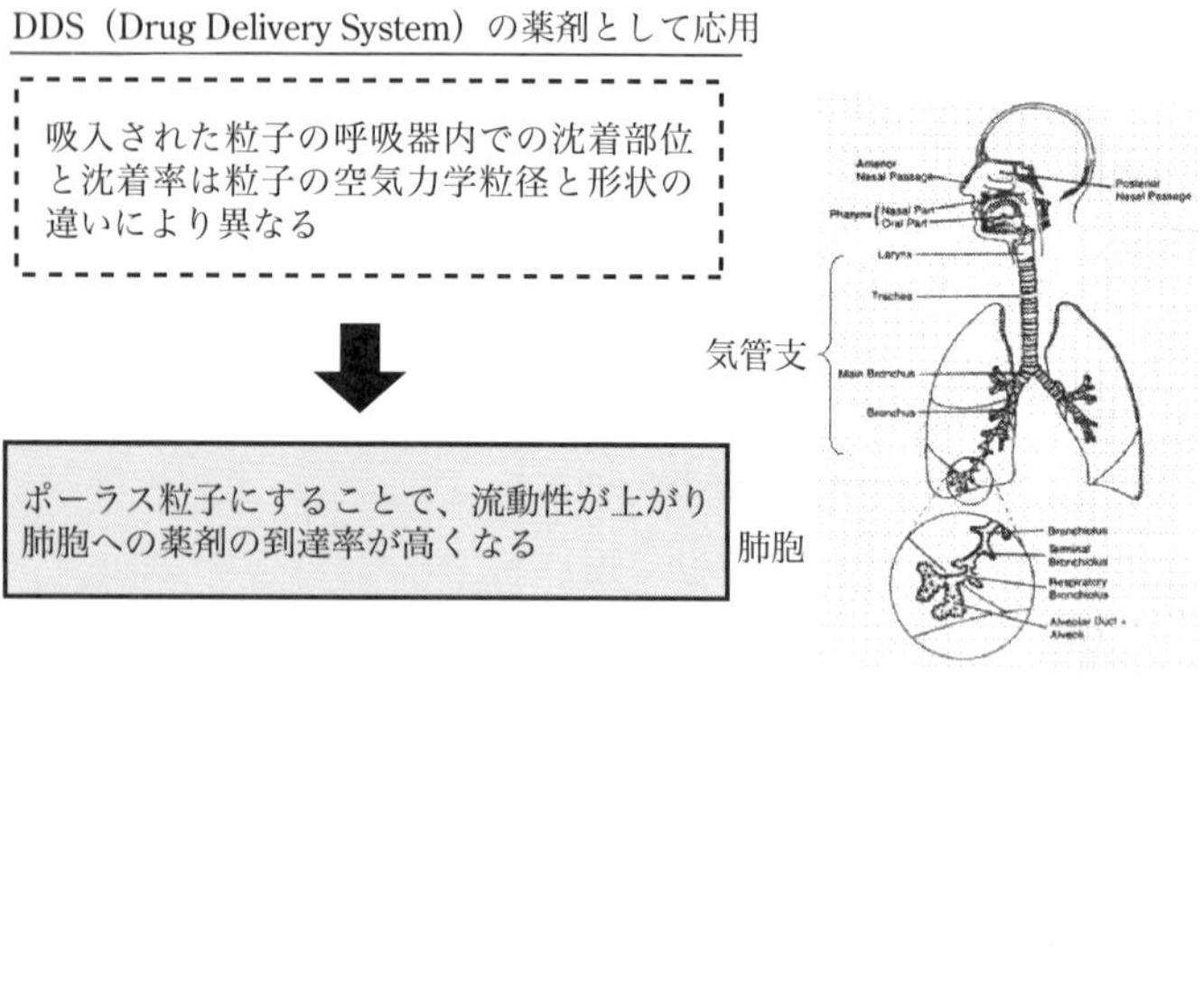

図6－7●ポーラス粒子を用いた薬剤投与システムの概念

が実用化できそうである。そのポーラス粒子を、たったの一工程で短時間に合成できる噴霧乾燥プロセスを、私たちの研究室で開発した。この方法はまずポーラス粒子の原料となるナノ粒子と、鋳型となるテンプレート粒子のコロイド懸濁液（ここでは大きさのそろったポリスチレンラテックス（ＰＳＬ）粒子が水中に分散したもの）を噴霧し、液滴化する。液滴は、低温度部と高温度部に分かれる加熱炉に導入され、低温度部で溶媒が蒸発してナノ粒子とＰＳＬの複合粒子が形成され、次に高温度部で、ＰＳＬが熱分解し、ポーラス粒子が生成される、というものだ（図６－８）。今後は、さらに吸入製剤などを添加して、経皮吸収性、つまり皮膚の上から噴霧するだけで患部に届くというような機能を持ったエアロゾル噴霧技術を開発して、医薬、健康機器などへ応用することが期待されている。

4　ナノ技術へ

近未来の科学技術という点では、もう一つ、いわゆるナノテクノロジーへの応用が期待されている。一つは、コピー、プリント技術の高画質化を図るためポリマーの中にナノサイズの顔料粒子を複合させたトナー粒子の微小化技術だ。

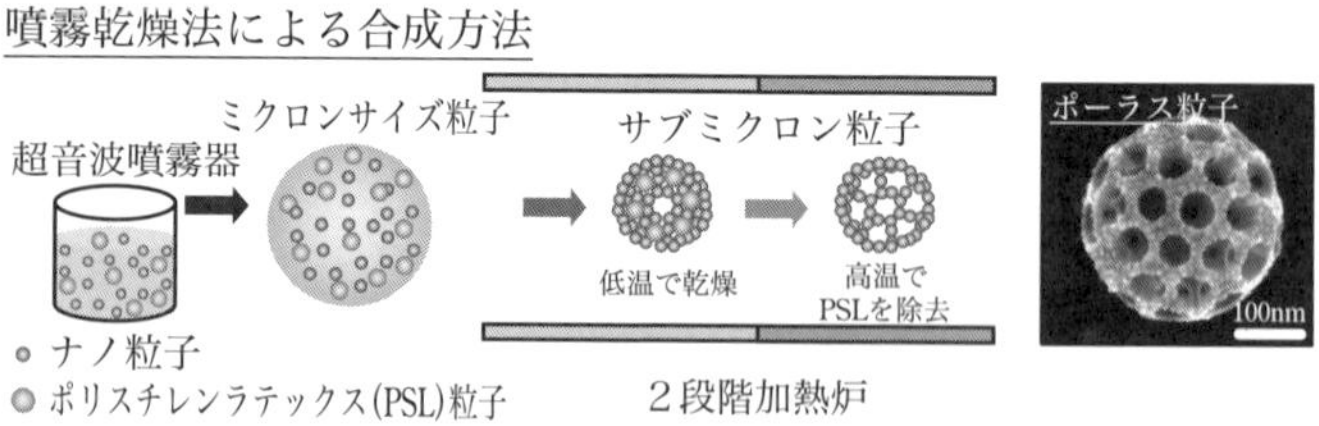

図6－8 ●噴霧乾燥法によるポーラス粒子の合成

一般に、コピー機やプリンタのトナー粒子が小さければ小さいほど印刷精度（解像度）は上がる。しかし、粒子を微小化すればするほど、粒子間の組成のばらつきの影響が大きくなる。帯電性や定着性は物質ごとに違い、組成が違えば粒子の振る舞いも違うが、粒子が大きく重いときには力学法則が支配するから多少の違いはあまり問題にならない。しかし、粒子が小さく軽くなると、わずかな帯電性の違いで粒子は思わぬ方向に飛んでいってしまうので、結局解像度は悪くなってしまう。そこで私たちは、組成が均一で粒径の制御が容易なエアロゾル生成プロセスの一つである静電噴霧法と呼ばれる方法を用いて、ポリマーと顔料ナノ粒子の複合材料（ナノコンポジット材料）を合成する研究を行い成功した。まだ、工業化する段階にはないが、静電噴霧法はこれまでのインクジェットプリンティングに変わる技術として利用できると期待されている。

このようなエアロゾル生成プロセス以外にも、気相中におけるナノコンポジット材料の製造にはいろいろな方法があり、総称して気相法と呼ばれる。最近では、気相法で合成された結晶性の高い二酸化ケイ素や二酸化チタンを樹脂中に複合して、屈折率や熱膨張率を制御した新しいタイプのプラスチックレンズをつくる研究が盛んに行われている。

このように、ナノ粒子は、通常のミクロサイズの粒子には見られない化学的・物理的挙動を示すことから、さまざまな分野で応用が期待されている。たとえば今注目の量子デバイスや平板ディスプレイ、単電子デバイス、高容量記憶デバイスなどであるが、こうした技術を実現するには、より基礎的な技術、たとえばナノ粒子を正確に配列する技術や粒子自体の合成純度を上げるなどの技術が必要だ。これまで、ナノ粒子を合成するには、粒径のコントロールがしやすく大量に合成ができる液相合成法が用いられてきたが、この方法で合成したナノ粒子の表面・内部には、合成時に用いた不純物が残ってしまうという欠点がある。そこで注目されたのが、エアロゾル生成プロセスを用いた不純物の除去法およびパターニング技術である。図6－9にその概略を示したが、液相合成法により合成されたナノ粒子は、静電噴霧法によりエアロゾル化される。エアロゾルとなったナノ粒子は気相中で加熱されるので、粒子が凝集することなく不純物が除去される。その後、原料液中のナノ粒子の分散・帯電状態を制御して、基板上に配列するというものだ。

このように、ミクロ（あるいはナノ）の物質がもつ特殊な化学、物理学的性質を活かすうえで、エアロゾルとその生成技術は大いに注目されている。ミクロの世界にはこんな大きな可能性が広がっていて、こうした夢の実現に向かって仕事をするのも、エアロゾル研究者の喜びなのである。

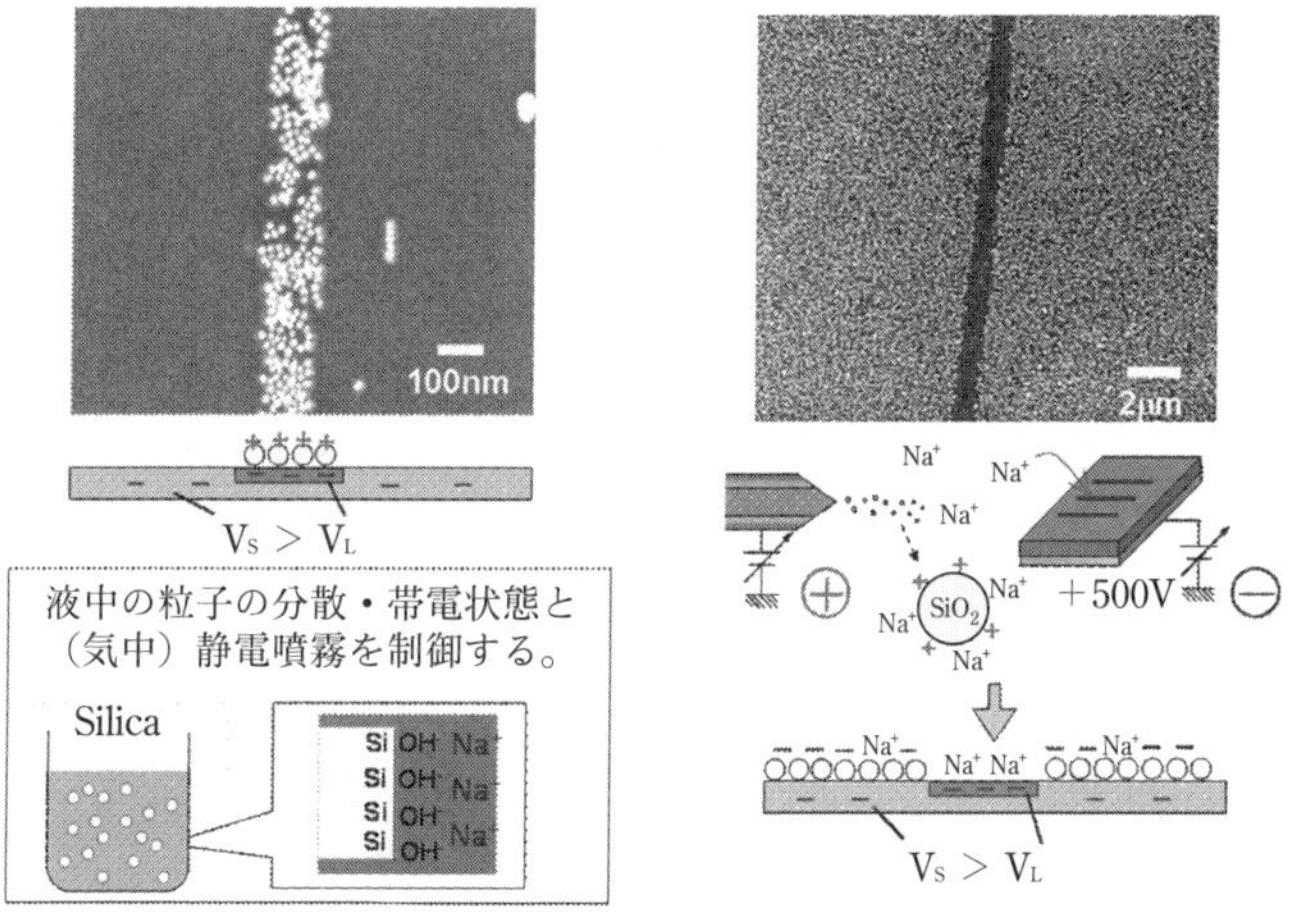

図6 - 9●静電噴霧法を用いた二酸化ケイ素（SiO_2）ナノ粒子によるパターニング

ナノ粒子の計測

そもそもナノメートル（100万分の1ミリ）サイズの粒子は、どのようにしたら測定できるのか？　ここでは微分型静電分級装置（DMA）を用いた計測システムについて紹介しよう。

図1が、装置の概略図だ。装置の機能を一言で言えば、大きさのさまざまな粒子を、大きさごとにそろえる（分級する）ことにある。本体は二重の円筒構造をしているが、その円筒間の環状部に帯電させたエアロゾルを流し込む。中心の円筒には直流の電圧が印加されていて、そのため、円筒と極性が逆の粒子は下向きに流れると同時に静電気力によって中心方向に移動する。そこで、中心円筒の下部に設けられたスリットに達する電気移動度をもった粒子だけが、分級されて装置外に排出される。ここで，内部の気流速度と粒子の電気移動速度、そして流体からの抵抗とのバランスは理論的に知られているので、円筒の印加電圧を調整することで分級後の粒径を変化させ、分級粒子の濃度を計測するとエアロゾルの電気移動度分布が求められ、それをデータ処理すると粒径分布が求められる。

これが装置の原理だが、従来の装置では10ナノメートル以下の粒子の計数効率が非常に低く、また上空5キロメートル以上の気圧の低い状態では、計測ができなかった。そこで、イオンおよびナノ粒子の個数濃度の計測が可能な混合型の凝縮核計数装置（CNC）と粒子拡大装置（PSM）を製作して組み合わせることで、粒径約1ナノメートルまでのエアロゾルの計測が可能となった（図2）。

第7章でも述べるように、エアロゾル研究に限らず、先端科学の現場では、手作りの装置による試行錯誤の連続である。ソフトウエア全盛の時代のように見えるが、実は、物作りこそ科学の基礎である。

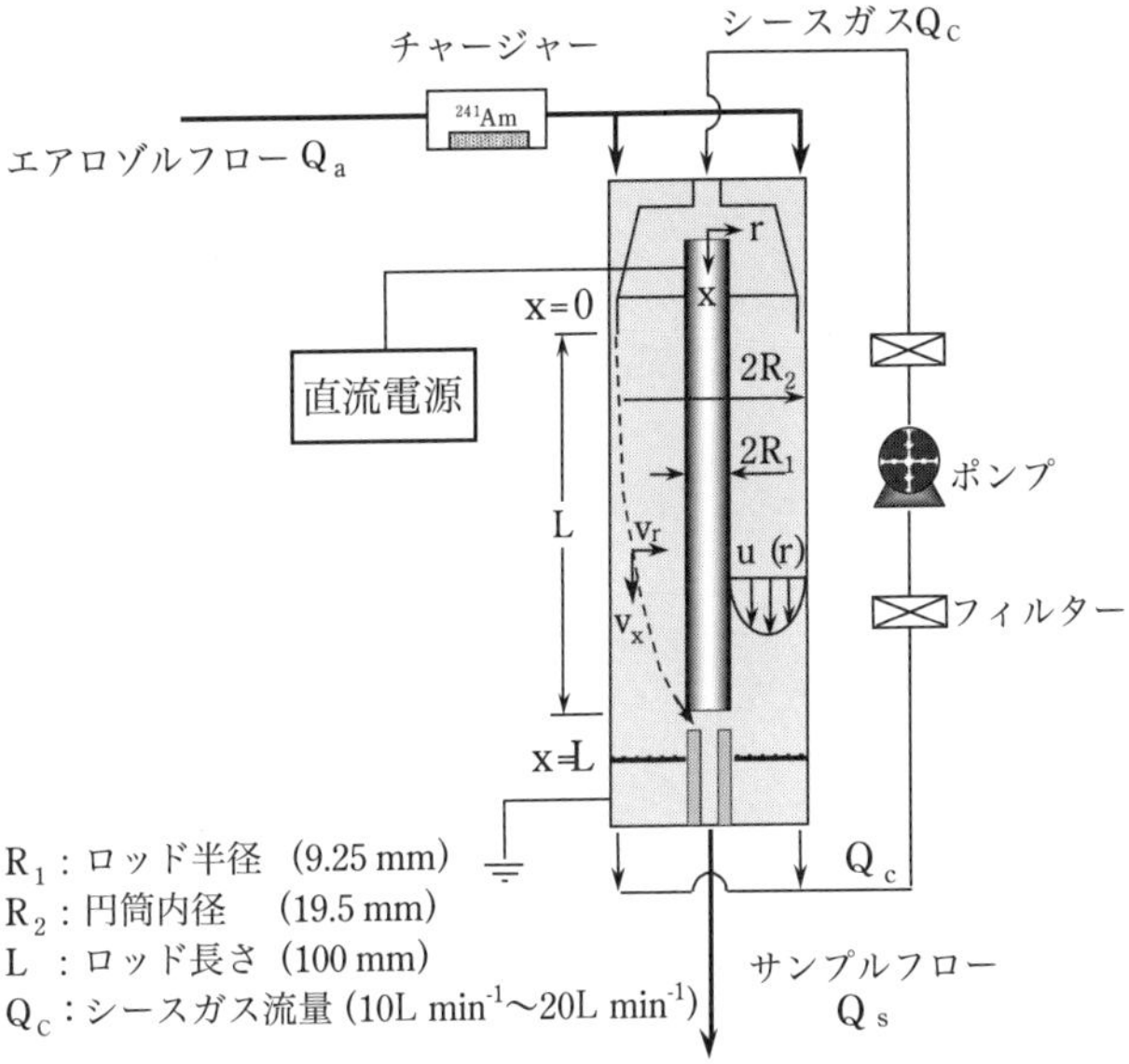

図1 ●ナノ DMA 概略図

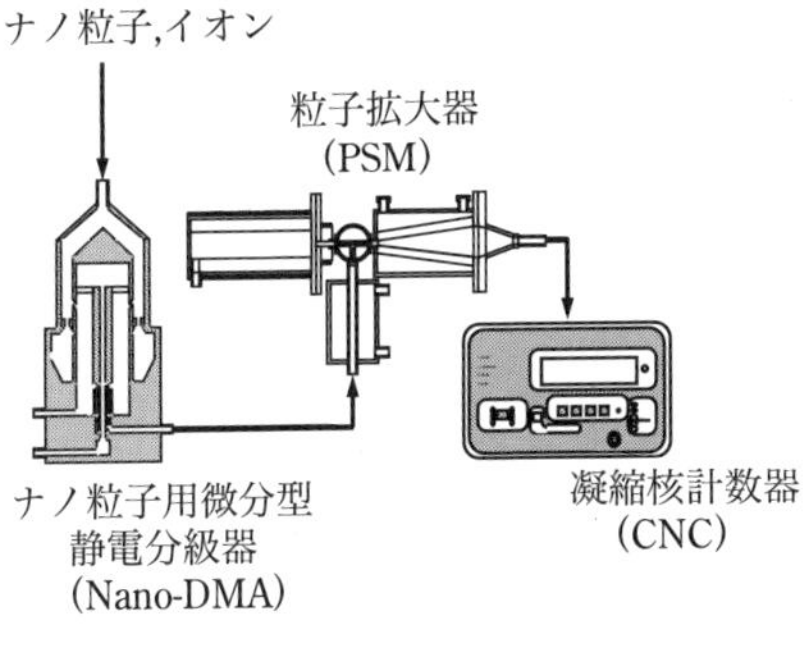

図2 ● 1 ナノメートルのエアロゾル粒子の計測技術

第7章 エアロゾルを極めよう——エアロゾル研究の未来と研究への誘い

ここまでおつき合いいただいた読者には、エアロゾルという最初は聞き慣れなかったものが、地球環境の保全という面からも、未来技術への夢という面からも、たいへん身近なものだということを知っていただけたかと思う。けれども、それだけでは研究の実際をつかんでいただけたと言うことはできない。どういうことかといえば、そこにいる「人」については、紹介してこなかったからだ。

科学読み物というものは世に多いが、多くは「無人称」というか、要するに、科学や技術が人の営みである、という大事な事柄を語っていないように思える。まあ、著者にとっては、等身大の自分——しょせん、普通のオジサンでありオバサンなのだ——を描くというのは、恥ずかしくも難しいことだから、仕方ないのかもしれない。けれども、「エアロゾル」というテーマで、市民向けに本を書けるという機会は、めったにないことだ。そこで、本書の最後に、私たち研究者の肉声を語らせていただきたいと思う。

ここで「私たち」と書いたし、これまでも、本書に関わった研究者自身を指すのに、すべて「一人称複数」を使ってきた。これは日本の主要なエアロゾル研究者の総力で書こうという本書の性格によるものだ。しかし、「人の営み」を伝えるには、そうした無人称の表現はふさわしくないだろう。そこでこの章では、あえて三人の研究者の個人的な体験や思いで綴ろうと思う。けれども、ここに書かれた事柄は、各人固有のものというだけではない。エアロゾル研究者に共通する体験や思いとも言うことができる、と信じている。

1 厄介者に関わったかな……

この〝業界〟に私が入った、そもそものきっかけを思い出せば、それはエアロゾルの「エ」の字も知らなかった高校生のころにまで遡る。ある日の新聞で、当時は珍しかったカラー写真が第一面に載っているのが目に止まった。確かドイツのシュバルツバルトだったと思うが、「酸性雨で森林が破壊されている！」という記事だった。今から思えば恥ずかしい話だが、そのときに頭に浮かんだのは「えっ、雨ってタダの水じゃないの？　雨が降って木が育つならわかるけど、枯れるってどういうこと？」という疑問であった。記事の見出しも本文も、今となってはすっかり忘れてしまったが、ことによると「酸性雨」という表現は入っていなかったかもしれないし、硫酸や硝酸が云々と言われても、実験室で扱うような試薬しか想像できなかっただろう。それに、今日ほど環境問題がクローズアップされている時代でもなかったから、それを勉強しようにも高校生のレベルで解説してくれる本など皆無と言ってよく、まあとにかく大学へ行って天気のことを勉強すればよろしかろう、と得心する以上のことはしなかった。

本番の受験では本命からお断りを受けてしまい、それとは別に受かっていた某大学校へ私は進学することになる。そして三年生、ちょっと大げさかもしれないが若かった当時の意気込みで言えば、私は待ってましたとばかり新たなことに挑戦した。ちょうどカリキュラムが改められた最初の学年で、自分からネタを持ち込んだ実験がゼミの単位として認められる、という新ルールをさっそく利用したのである。そのころには幸か不幸か酸性雨という言葉も市民権（？）を得るようになり、もちろん私も、関連した勉強を多少はしてきた。そこで、O先生の部屋に押しかけ「雨の分析がしたい」と主張した。先生は海洋化学がご専門だったと記憶しているが、過去にも雨を扱ったことがあるらしく、すぐに降水の採取装置、それも手作りのものが持ち出されてきた。渡りに船、と言ってよいのか、〝ものづくり〟の喜びや苦労の機会を逸したと言うべきか、評価はさまざまだろうが、ともかくも私の「研究」人生が始まった瞬間だった。

しかし、ここでもまだエアロゾルとは出会えていない。エアロゾルがあるからこそ、雨の組成もいろいろなものになる、いやそれ以前に、雲粒子ができ降水になることまでは気が回っていなかったわけだ。本当にエアロゾルと出会うのは、ようやく大学院に入ってからである。仲を取りもってくれたのは、〝霧〟であり〝山〟であった。それまでは雨にしか手を出さなかったのだが、それと似て非なる霧は、新たな魅力を感じる対象だった。雨と違って、なかなか地面には落っこちてこず、いつまでも漂っているがために、同じく空中を漂うエアロゾルやガスをどんどん食べていく、そしてどんどん酸性化(逆もありうるが)していく。逆に言えば、霧の水滴をどんどん変化させるものとしてのエアロゾルを扱うことが、面白くなったのである。当時、指導教官から示されたテーマが「霧粒を大きさ別に集めよう」というものだったことも魅力だった。当時は、世界的に見てもそのための装置がいろいろと工夫されている段階で、私もかなりの時間を要しながら装置を自ら設計し、自ら工作して、そして現場でせっせと試料を集める。何しろ、大学に入って家を離れるときに工具箱を持たせるような親に育てられた私だから、道具立てを自分で作ることにも好んで挑戦できたのだ。さらに言うならば、三〇〇メートル級の山へ行っても、他のメンバーからひんしゅくを買うぐらい元気で文字どおり走り回れる体力も、私の強みだった。

しかしそんな風に関わってきた今でも、「エアロゾルは厄介者だ」という意識が強いことは白状せざるをえない。そりゃそうでしょう、実はこの本ではあまりに専門的になるので、あえていくつかのコラムとしてしか扱わなかったが、このミクロの世界は、飛び切りの道具を使わないことには姿が見えない。形もいびつ、大きさも不ぞろい。皆さん個性が強すぎて、とても私の手には負えません……。それでもって、集団になるといろいろと悪さをする。いやいや、それもまた受けて立つべき挑発なのかもしれない。姿を見せないなら、かき集めて正体を暴いてやろう。集団で来るなら一網打尽だ……。とか何とか、一種の知恵比べがそこには存在する。

たぶん、これからも、山へ行ってはエアロゾルやら雨やらと格闘することになるだろう。面倒なこっちゃ、とか何だとか、文句を言いつつも。「悪い女（男）に惚れてしまった」と言う言葉があるけれど、やっぱり、エアロゾルは面白い。

2　エアロゾル研究の未来

(1)　一段高いところから眺めてみる

そもそもエアロゾルとは、何か「特定なもの」を指す言葉ではなく、あるものがどのような状態で存在しているかを指す言葉だ。読者にはもうご承知のとおり、小さな粒子が〈空気〉中に漂った状態がエアロゾルである。

このような「もののあり方」を指す言葉は、化学の世界には他にもある。冒頭にも少し書いたが、エアロゾルの〈空気〉に相当する部分が〈水〉に代わったのがハイドロゾル。豆乳はハイドロゾル、豆腐になるとハイドロゲル、までは書いたが、さらにゲルになったハイドロゾルの水を空気に置き換えると「キセロゲル」(xerogel) と呼ばれるものとなる。豆腐を乾燥させてスカスカにした高野豆腐はキセロゲルだ。

どのような学問にも言えるが、対象を一歩高い視野から眺めると見通しが良くなることがある。エアロゾル研究の将来を考えるときには、エアロゾルばかりでなくハイドロゾルそしてゲルも含めて広く考えていくことも、新しい世界を切り開く鍵になるのではないだろうか。たとえば空気の粒が液体中に漂った炭酸飲料はエアロゾルを裏返したものに相当する。「マイクロバブル」という小さな泡が水中などに漂ったものは、すでに水の浄化に応用されているし、固体中に空気が取り込まれた発泡スチロールは緩衝材としておなじみである。これらは固体・液体・気体がミクロレベルで混ざり合ったものという点でエアロゾルの仲間だ。このように視野を広げ、エアロゾルを含めた「もののあり方」とその性質を検討することで、これまで関連のなかった分野との関わりが明らかになり、新しい学問を発展させる可能性が広がるだろう。

もちろん、もともとのエアロゾルの守備範囲についても、いろいろなことが考えられる。

(2) 博物学としてのエアロゾル研究——地球から宇宙へ

何度も述べたように、自然界の大気エアロゾルにはさまざまな物質が含まれている。今後も、さらに新しい物質が含まれていることが報告されていくだろう。また、同じ物質であっても、大気エアロゾルにはさまざまな発生源がある。大気中での寿命もさまざまで、場所によってその量・成分などが異なっていることもすでに述べた。世界中どこにでも含まれるような成分、地域限定の成分、さらには季節ごとに変動する成分などが明らかになるだろう。これすなわち「エアロゾル博物学」がそのページを増していくということである。あたかも生物の分布を示すように、地上で測定された結果をネットワークで公開して、また人工衛星からのデータを基にして、地球上のエアロゾル成分について詳しい情報がリアルタイムで得られるようになることはそう遠くない将来の話だろう。

大気エアロゾルというと、現在は、私たちの生活している地上に近い部分が主な研究対象である。たいていは地上付近でエアロゾル濃度が最も高いから、これを調べていれば、ある程度の上空まで含めた大気全体のエアロゾル量はわかったようなものである。しかし、もっと上空、さらには宇宙に向かってエアロゾルを考えると、また違ったものが見えてくる。

ものによっては上空で濃度が高いエアロゾルもある。航空機がばらまく排ガス中の微粒子は上空で高濃度になるだろう。空に浮かぶ雲は小さな水滴が空気中に漂ったものであり、定義からすればエアロゾルの仲間である。これも上空で濃度が高くなる代表だ。さらに上空に行けば、高度二〇〜三〇キロメートルの成層圏には真珠母雲、さらに上空五〇〜八〇キロメートルには夜光雲と呼ばれる雲ができており、宇宙飛行士しか経験したことのない上空にも、雲が、そしてそれに関わるエアロゾルがあることが予想される。さらに上空はどうだろう。地球には、毎日宇宙空間から宇宙塵と呼ばれる小さな隕石が降り注ぎ、大気圏への突入時に摩擦で加熱され発光し蒸発する。流れ星である。最近のことだが、流れ星の実態がほんの数ミリメートルの細かいものであることが、日本の誇る「すばる望遠鏡」を使って明らかにされた。地上から見ると流れ星は消えてしまうが、宇宙塵を構成していた物質は消えてしまうわけではない。高温に加熱され一旦蒸発しても、その後冷えてできた成分が上空高く漂い、やがて地上に落ちてきているに違いない。たとえば、ナトリウムや鉄などの金属原子が、九〇〜一〇〇キロメートルという高度に層状に存在していることは、すでにわかっている。このような上空に金属が漂って地球を取り巻いていることは、諸科学に影響するような知見だが、実際、これを利用して遠くの星の観測をしようという計画が進行している。これなど、新しいエアロゾルが発見され、それが時として思わぬ方向に展開する良い例と言えるだろう。

さらに地球を離れてエアロゾルを考えることはできないだろうか。宇宙空間に漂う微小な塵は、真空に近いとはいえ「希薄な気体分子が存在する」と言う点では「エアロゾル」と言えるかもしれない。まあ、それはすぐには面白い研究対象にはならないだろうが、たとえば「惑星大気のエアロゾル」というテーマはどうだろう。天文学では、以前から太陽系の惑星研究は盛んだし、今では太陽系外の惑星探査が一つのブームになっているようだ。惑星の大気に含まれる固体・液体の微粒子を光学的に測定することができれば、その惑星に関するさまざまな情報が得られるだろう。宇宙科学の一分野としての惑星大気エアロゾルの研究成果が、将来地球外生命の発見につながるきっかけになる、などと考えるのは、夢を見すぎだろうか？

(3) エアロゾルの「働き」に関する研究

大気エアロゾル中にどのような物質が含まれているのかが明らかになれば、それらがどのような働きをしているのかについても研究が進められていくことは自然の成り行きである。第5章でも述べたように、気候に与えるエアロゾルの影響は精力的に研究され、その一端が明らかになりつつあるが、もっと直接的な人への影響、たとえば空気中に漂うウィルスなど、人間の健康に与える問題についても、精力的に研究されるべき分野である。鳥インフルエンザやSARS（重症急性呼吸器症候群）など空気を介して蔓延する感染症をいかに抑え健康な社会を維持するか、というのもエアロゾル研究の役目であろう。いわば「エアロゾル機能学」といったところである。

エアロゾルの働きについて理解が深まれば、それを利用したさまざまな応用が展開される。第6章でも紹介したように、「ナノテク」という言葉が広く使われるようになって久しいが、エアロゾルの正体はナノサイズの粒子であり、これを思いどおりにコントロールすることはエアロゾルの応用の一面である。ナノテク分野では、一つ一つのナノサイズ粒子を制御することから、集団としてのナノサイズ粒子をコントロールする方向へ技術展開が進められようとしている。今は、いわばピンセットで粒子を摘まむ段階にいるナノテクを、大量生産が可能なテクノロジーとして発展させていくうえで、エアロゾルテクノロジーが重要視される時代がくる日も遠くないと信じる。

3 研究者の責任、社会の責任、そしてエアロゾルの研究への招待

エアロゾル研究の夢をさまざまに語ってみたが、夢を現実のものにするにあたって、私たちが心しておかなければならないのは、科学的知見や開発された技術というものは、それ自体に善し悪しはなくても、それが利用される場面を想定しておかないと、せっかくの技術が思わぬ方向に利用されかねないということである。

たとえば、空気中の微粒子が体内に取り込まれる機構を明らかにした研究は、第6章で紹介したように気管支を経由した医薬品の摂取効率を向上させる一方で、微粒子化した毒物の「効率良い摂取」を利用した、新手の「生物兵器」としても利用可能である。このような技術の展開について、見守り、時には監視し、人類の福祉・世界の平和のために科学研究の成果を利用することが研究者としての努めである。もちろん、それは研究者のみならず、本書の読者の方々はじめ、市民の責務でもある。

リアルタイムの計測装置

エアロゾルの大きさや化学組成は、しばしば短時間で大きく変動する。このような変動は、汚染物質の発生源が集中した大都市で特に大きい。一次粒子から二次生成物質へ、その変化の様子を、もしビデオカメラのようなもので追跡することができれば、数時間の間に劇的な変化が起こる様子が観察されるだろう。

残念ながら、カメラで粒子を追跡することはできないが、リアルタイムで粒子の諸特性を測ることができるようにはなってきた。代表的なものにエアロゾル質量分析計（AMS）がある。AMSは大きく分けて三つの部分からなる（図1）。すなわち、粒子を真空中に導入するための空力学レンズ、粒子の飛行時間を利用した粒径計測部分、そして粒子の化学組成を同定するための四重極質量分析計（QMS）である。空力学レンズは、1/2インチのステンレス管の中に、直径5ミリメートルから3ミリメートルの小孔が多段に連なったもので、圧力2.5hPa程度の条件で、おおよそ直径30～1000ナノメートルの粒子が透過するように設計されている。レンズによって粒子は細いビーム状に整流されるが、その際ガス分子との衝突によって加速される。粒子が得る速度は粒径に依存するため、粒子がチェンバの端から端まで飛行する時間を計測することで粒径の計測が可能になる。チェンバの端に到達した粒子は600℃のヒータにより瞬時に気化し、電子イオン化されてQMSにより検出される。標準物質を用いて校正することで、無機・有機エアロゾルの粒径別濃度が定量できる。有機物に関しては化合物の同定は困難であるが、炭素や酸素を含んだ総重量を測定できる。普通、測定には10分かかるが、測定対象とする質量範囲を限定すれば秒オーダーの計測もできる。

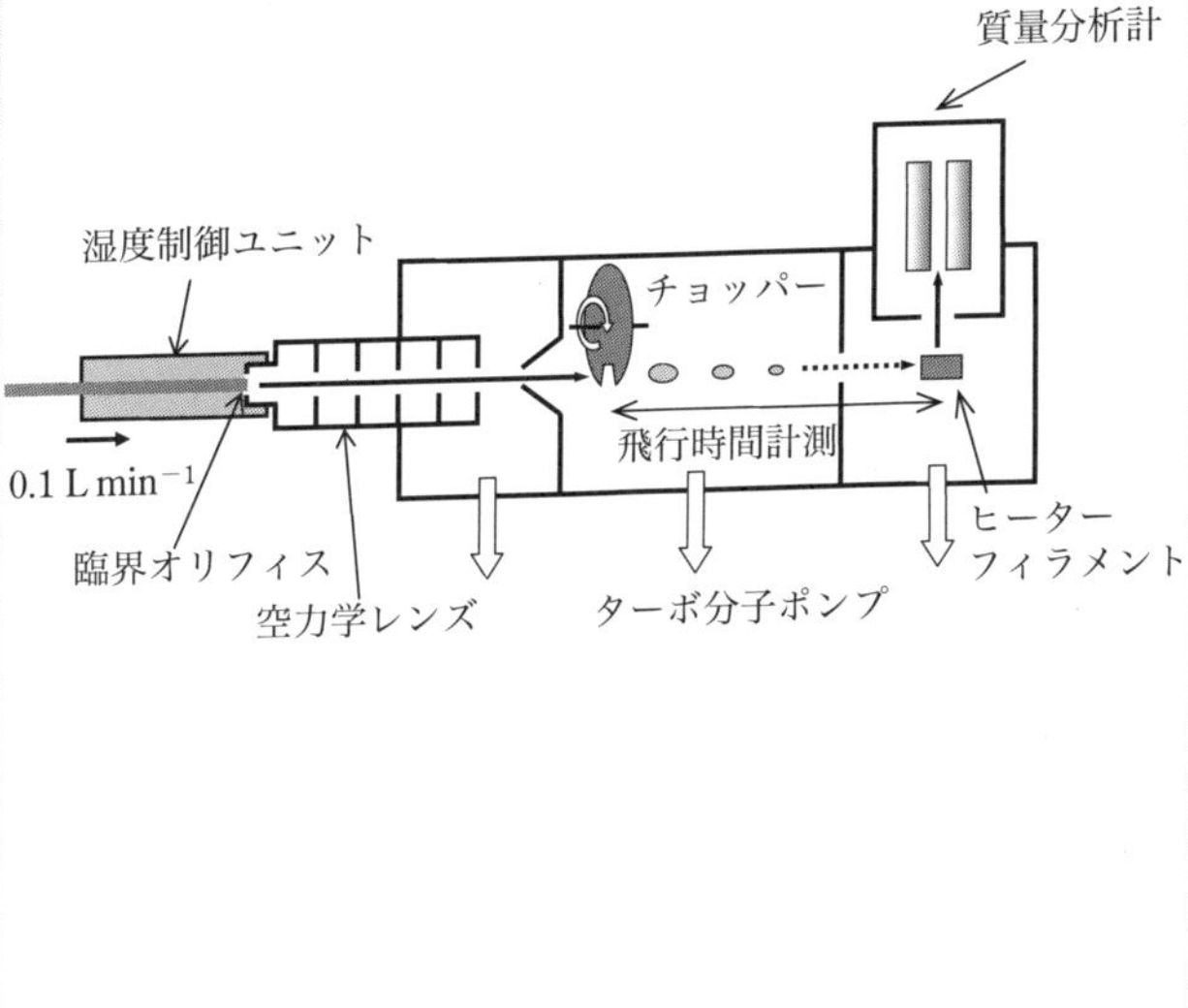

図1●エアロゾル質量分析計（AMS）の構成図

いつの時代にも、新しい発見を通して人々の心を豊かにすること、新しい技術開発によって世界中の人々から感謝されることによってこそ科学者の苦労は報われると信じたいが、それを支えるのは社会である。けれども、市民が科学技術に「まったく知識がない」という状態では、社会が科学技術に正しく向き合うことはできないだろう。その意味でも、是非、本書に接していただいた機会に、エアロゾル研究だけでなく科学技術一般への関心を広げていただきたいのである。

前述したように、私たち研究者自身も、科学読み物に接してこの世界に入ってきた。しかも大事なことは、研究の現場には、そうした読み物にありがちな、さらりとした（あるいは「断定的な」）記述からはわからない、奥深く複雑な、一言では言い難い世界が広がっていたということである。第2章でも書いたけれど、大気中でガス（気体）がどのように粒子化していくのか（二次粒子生成）といった、基本的な事柄さえ、そのメカニズムはまだ完全には明らかになっていない。そもそも、粒子になったばかりのエアロゾルをまだ誰も見たことがないからである。大気中でできたばかりの微粒子は、硫酸と水分子から構成されていると考えられてきた。その後、アンモニアが加わった三成分でできていると考えられたり、大気中のさまざまな有機物が粒子生成に関与していると考えられたり、今ではいろいろな説がある。また、大気中にあるイオンを核として粒子が生成する可能性も調べられている。大気中のイオンは、地球に降り注ぐ宇宙線の電離作用によって生じる。ところで、宇宙線の量は太陽活動によって影響を受ける。したがって、太陽活動の変化に伴って大気中のイオン量が変化し、その結果地球の雲の量に変化を与えているのではないか、という仮説が出てくる。これが正しければ、大気エアロゾルは地球を離れた宇宙からの影響も受けているということになる。

いずれにしてもできたばかりの粒子の大きさは、一ナノメートル程度と考えられている。しかし、大気中にある一ナノメートルの粒子を検出する方法はまだない。したがって大気中にこのようなできたての粒子が至るところにあるのか、それともある条件が満たされた場所にだけ存在しているのかもわからない。現在の技術では約三ナノメートル以上の粒子は検出できるので、粒子ができてそれが成長し三ナノメートルの大きさになれば検出可能である。しかし、粒子が検出されるだけではその生成メカニズムはわからない。できたばかりの粒子がどんな分子から構成されているのかを知る必要がある。微粒子の組成を分析するのに質量分析計という装置が最近盛んに用いられている。エアロゾル質量分析計と呼ばれ、粒子にレーザーを当てて分解したり、あるいは高温のプレートに付着させて分解し、それによって発生したさまざまな分子の質量を測定するものである。この装置の性能は、研究者の努力によって向上してはいるものの、まだ数十ナノメートルの大きさの粒子までしか分析できない。日常の感覚から言えば十分に小さいだろうが、すでにここまでの大きさになると、その粒子には一〇〇万個オーダーの分子が含まれていて、だいぶ成長した粒子である。だから、これらの粒子の組成を分析しても、最初に何が粒子化して生まれたのかはわからないのだ。できた直後の、一ナノメートル程度の粒子の分析がしたい！

結局、大気エアロゾルの生成メカニズムを解明するには、新たな分析装置の開発を待たねばならない。どんな科学の分野でも、それまで測れなかったものが測れるようになることによって進歩してきた、という歴史がある。新しい測定装置や分析装置の開発は科学を進歩させる基盤になっている。装置の開発は、それによってもたらされた科学的成果の影に隠れているように見えるが決してそうではない。「質量分析」と言うと、ピンと来た読者もおられると思う。そう、二〇〇二年のノーベル化学賞に輝いた島津製作所の田中耕一さんだ。田中さんは、従来不可能であった蛋白質の分析を可能にする技術を開発したことでノーベル賞を受賞した。ノーベル賞の歴史を見ると、画期的な計測装置の開発に対して賞が与えられた例は少なくない。エアロゾル研究の分野でも、さまざまな装置の開発の積み重ねのうえに研究成果が積み重ねられ進歩してきた。そして時として、従来の発想の延長線上にない新たな発想から画期的な装置が誕生し、科学的知見のブレークスルーがもたらされることもある。

どうだろう、一ナノメートルの粒子の分析にチャレンジしたい人は、いないだろうか。そのための装置を工夫してみたい人はいないだろうか。本書を読んだ若い読者の方々が、チャレンジする場としてエアロゾル研究の分野に飛び込んで来ていただくことを期待している。

おわりに

本書で述べてきたように、私たちの身の回りには、極微小な粒子「エアロゾル」が驚くほど多数浮遊しています。既に何度も述べたように、エアロゾルは光化学スモッグや工場排煙のように大気汚染の直接的原因となる一方、地球温暖化や酸性雨、成層圏オゾン層破壊など地球環境問題とも直接・間接的に深く関わっています。

近年の、中国をはじめとした東アジア地域における驚異的な経済成長、人口増加、都市化によって、地域レベルでの深刻な大気汚染だけでなく、地球環境問題への重大な影響が懸念されています。このため、東アジア地域は二一世紀の環境問題、地球環境対策を考える上で今まさに最重要地域となっているのです。

このような背景のもと、今後世界の環境問題の鍵ともなる東アジア地域では、エアロゾルがどのような性状を示し、大気環境へ影響するのかを明らかにするために、エアロゾルや大気環境を専門とする研究者が結集し、二〇〇〇～二〇〇四（平成一三～一七）年度に文部科学省・科学研究費特定領域研究(A)「東アジアにおけるエアロゾルの大気環境インパクト」が行われました。

この特定領域研究では、(1) 東アジアにおける大気エアロゾルの空間分布、(2) 大気エアロゾルの性状と二次粒子生成、(3) 東アジアにおける大気エアロゾルの輸送と酸性雨・酸性沈着、(4) 大気エアロゾルの地球冷却化効果という四つの課題に、合計二百名を超える研究者が取り組み、研究成果は学術図書、専門雑誌、国際・国内学会等で公表してきました。

また二〇〇六（平成18）年度には、本研究の集大成として学術図書『エアロゾルの大気環境影響』を刊行するとともに、七月一三～一四日には研究を広く公開することを目的として、研究者はもとより広く市民の方々を対象とした研究成果公開促進シンポジウム「エアロゾルの大気環境影響」を京都大学で開催しました。本書は、シンポジウムにおいて発表された研究の内容を、エアロゾルの地球環境に関する世界的な研究状況も含め、できるかぎり分かりやすく解説したものです。読者がエアロゾル問題や地球環境問題により深い関心を持っていただき、市民一人一人が地域環境、地球環境の保全に一丸となって取り組む契機となれば幸いです。

最後に、本書の発刊に当たっては、文部科学省・科学研究費補助金・研究成果公開促進費(A)・講演収録集の援助をうけました。ここに記して謝意を表します。また、編集にあたり多大の協力を得た太田幸雄氏、大原利眞氏、奥山喜久夫氏、畠山史郎氏に深く感謝するとともに、原稿整理に協力いただだいた古友孝兒氏、編集・校正にご苦労いただいた京都大学学術出版会の鈴木哲也氏に厚く御礼申し上げます。

二〇〇八年二月

編著者　笠原三紀夫、東野　達

【文献案内　より深く知りたい読者のために】

■入門的な内容の本

三崎方朗：『微粒子が気候を変える』中公新書、中央公論社（1992）

畠山史郎：『酸性雨　誰が森林を傷めているのか？』日本評論社（2003）

岩坂泰信：『黄砂その謎を追う』紀伊國屋書店（2006）

■専門的な内容の本

日本エアロゾル学会編：『エアロゾル用語集』京都大学学術出版会（2004）

笠原三紀夫、東野 達編：『エアロゾルの大気環境影響』京都大学学術出版会（2007）

■本書中で図版を参照したもの（【掲載図版について】を参照のこと）

図４－３　（兼保　2007）

図５－２　（Whitby and Sverdrup　1980）

図５－３　（Iqbal　1983）

図５－４　（Liou　1980）

【掲載図版について】

■本書に掲載された図版の出典は、左記の通りです。ご協力いただいた方々に感謝します。
口絵4、口絵5、表2－1、図2－3、図2－4、図2－5、表2－2、図2－6、図2－7、図2－8、図2－9、図2－10、図3－2、表3－1、図3－12、図3－13、図3－14、図4－1、図4－2　著者作成提供。図4－3　兼保（2007）。図4－4、図4－5、図4－6、図4－7、図4－10、図4－11、図4－12、図4－13、図4－14、図4－15　著者作成提供。図5－2　Whitby and Sverdrup（1980）より、図5－3　Iqbal（1983）を一部改変　著者作成提供。図5－4　Liou（1980）より改変　著者作成提供。図5－5、図5－6、図5－7、図5－8、図6－1、図6－2、図6－3、図6－4、図6－5、図6－6、図6－7、図6－8、図6－9　著者作成提供。

■それ以外の図版のうち、左記のものは『エアロゾルの大気環境影響』（京都大学学術出版会、2007年）より転載しました。
口絵1、口絵2、口絵3、図1－1、図1－2、図1－3、図1－4、図3－1、図3－3、図3－4、図3－5、図3－6、図3－7、図3－8、図3－9、図3－10、図3－11、表4－1、図4－8、図4－9、図4－16、図4－17、図4－18、図5－1、図5－9、図5－10、図5－11、図5－12。

■また左記のものは『エアロゾル用語集』（京都大学学術出版会、2004年）より転載しました。
図2－1、図2－2。

監修

笠原三紀夫（かさはら　みきお）京都大学名誉教授、中部大学総合工学研究所教授
東野　達（とうの　すすむ）京都大学大学院エネルギー科学研究科教授

編集

太田幸雄（おおた　さちお）北海道大学大学院工学研究科教授
大原利眞（おおはら　としまさ）国立環境研究所アジア自然共生研究グループ広域大気モデリング研究室長
奥山喜久夫（おくやま　きくお）広島大学大学院工学研究科教授
畠山史郎（はたけやま　しろう）東京農工大学大学院共生科学技術研究院教授

著者

足立元明（あだち　もとあき）大阪府立大学大学院工学研究科教授
荒生公雄（あらお　きみお）長崎大学名誉教授
飯沼恒一（いいぬま　こういち）東北工業大学環境情報工学科教授

五十嵐康人（いがらし　やすひと）気象研究所地球化学研究部主任研究官
井川　学（いがわ　まなぶ）神奈川大学工学部教授
石原日出一（いしはら　ひでかず）埼玉大学大学院理工学研究科助教
泉　克幸（いずみ　かつゆき）東洋大学工学部教授
今須良一（います　りょういち）東京大学気候システム研究センター准教授
植松光夫（うえまつ　みつお）東京大学海洋研究所教授
内山政弘（うちやま　まさひろ）国立環境研究所大気圏環境研究領域主任研究員
鵜野伊津志（うの　いつし）九州大学応用力学研究所教授
奥田知明（おくだ　ともあき）慶應義塾大学理工学部講師
河村公隆（かわむら　きみたか）北海道大学低温科学研究所教授
北田敏廣（きただ　としひろ）豊橋技術科学大学エコロジー工学系教授
久慈　誠（くじ　まこと）奈良女子大学理学部講師
酒巻史郎（さかまき　しろう）名城大学理工学部教授
坂本和彦（さかもと　かずひこ）埼玉大学大学院理工学研究科教授
塩原匡貴（しおばら　まさたか）情報・システム研究機構　国立極地研究所准教授
芝　定孝（しば　さだたか）元大阪大学大学院基礎工学研究科助手
島田　学（しまだ　まなぶ）広島大学大学院工学研究科教授
白石浩一（しらいし　こういち）福岡大学理学部講師
杉本伸夫（すぎもと　のぶお）国立環境研究所大気圏環境研究領域室長
竹川暢之（たけがわ　のぶゆき）東京大学先端科学技術研究センター准教授

田中　茂（たなか　しげる）　慶應義塾大学理工学部教授
張　代洲（ちょう　だいしゅう）　熊本県立大学環境共生学部准教授
土器屋由紀子（どきや　ゆきこ）　江戸川大学社会学部教授
外岡　豊（とのおか　ゆたか）　埼玉大学経済学部教授
長門研吉（ながと　けんきち）　高知工業高等専門学校機械工学科准教授
新村典子（にいむら　のりこ）　和洋女子大学非常勤講師
林　政彦（はやし　まさひこ）　福岡大学理学部教授
原　宏（はら　ひろし）　東京農工大学農学部教授
坂東　博（ばんどう　ひろし）　大阪府立大学大学院工学研究科教授
福島　甫（ふくしま　はじめ）　東海大学開発工学部教授
馬　昌珍（ま　ちゃんじん）　福岡女子大学人間環境学部准教授
三浦和彦（みうら　かずひこ）　東京理科大学理学部物理学科講師
溝畑　朗（みぞはた　あきら）　大阪府立大学先端科学イノベーションセンター長，教授
皆巳幸也（みなみ　ゆきや）　石川県立大学生物資源環境学部准教授
向井苑生（むかい　そのよ）　近畿大学理工学部教授
山形　定（やまがた　さだむ）　北海道大学大学院工学研究科助教

索　引

笠原　三紀夫（かさはら　みきお）

1942年生まれ．1971年京都大学大学院工学研究科博士課程中退，工学博士．京都大学助手，助教授，教授，京都大学大学院エネルギー科学研究科長，日本エアロゾル学会会長，科研費特定領域研究「微粒子の環境影響」研究代表者，21世紀COE「環境調和型エネルギー」拠点リーダーなどを歴任，現在，京都大学名誉教授，中部大学教授，ウェストバージニア大学教授，大気環境学会会長，エアロゾル学，大気環境科学，エネルギー環境学を専攻

東野　　達（とうの　すすむ）

1954年生まれ．1980年京都大学大学院工学研究科博士課程中退，工学博士．京都大学助手，助教授，日本エアロゾル学会常任理事などを歴任，現在，京都大学大学院エネルギー科学研究科教授，エアロゾル学，大気環境工学を専攻

大気と微粒子の話
──エアロゾルと地球環境　　学術選書 033

2008 年 3 月 31 日　初版第 1 刷発行

監　　修…………笠原三紀夫
　　　　　　　　　東野　達
発 行 人…………加藤　重樹
発 行 所…………京都大学学術出版会
京都市左京区吉田河原町 15-9
京大会館内 (〒 606-8305)
電話 (075) 761-6182
FAX (075) 761-6190
振替 01000-8-64677
HomePage http://www.kyoto-up.or.jp
印刷・製本…………㈱クイックス東京
装　　幀…………鷺草デザイン事務所

ISBN　978-4-87698-833-4
定価はカバーに表示してあります

学術選書 [既刊一覧]

＊サブシリーズ 「心の宇宙」→ [心] 「諸文明の起源」→ [諸]
「宇宙と物質の神秘に迫る」→ [宇]

001 土とは何だろうか？ 久馬一剛
002 子どもの脳を育てる栄養学 中川八郎・葛西奈津子
003 前頭葉の謎を解く 船橋新太郎 [心] 1
004 古代マヤ石器の都市文明 青山和夫 [諸] 11
005 コミュニティのグループ・ダイナミックス 杉万俊夫 編著
006 古代アンデス 権力の考古学 関 雄二 [諸] 12
007 見えないもので宇宙を観る 小山勝二ほか 編著 [宇] 1
008 地域研究から自分学へ 高谷好一
009 ヴァイキング時代 角谷英則 [諸] 9
010 GADV仮説 生命起源を問い直す 池原健二
011 ヒト 家をつくるサル 榎本知郎
012 古代エジプト 文明社会の形成 高宮いづみ [諸] 2
013 心理臨床学のコア 山中康裕 [心] 3
014 古代中国 天命と青銅器 小南一郎 [諸] 5
015 恋愛の誕生 12世紀フランス文学散歩 水野 尚
016 古代ギリシア 地中海への展開 周藤芳幸 [諸] 7
017 素粒子の世界を拓く 湯川・朝永生誕百年企画展委員会編集／佐藤文隆監修
018 紙とパルプの科学 山内龍男
019 量子の世界 川合・佐々木・前野ほか 編著 [宇] 2
020 乗っ取られた聖書 秦 剛平
021 熱帯林の恵み 渡辺弘之
022 動物たちのゆたかな心 藤田和生 [心] 4
023 シーア派イスラーム 神話と歴史 嶋本隆光
024 旅の地中海 古典文学周航 丹下和彦
025 古代日本 国家形成の考古学 菱田哲郎 [諸] 14
026 人間性はどこから来たか サル学からのアプローチ 西田利貞
027 生物の多様性ってなんだろう？ 生命のジグソーパズル 京都大学総合博物館 京都大学生態学研究センター編
028 心を発見する心の発達 板倉昭二 [心] 5
029 光と色の宇宙 福江 純
030 脳の情報表現を見る 櫻井芳雄 [心] 6
031 アメリカ南部小説を旅するユードラ・ウェルティを訪ねて 中村紘一
032 究極の森林 梶原幹弘
033 大気と微粒子の話 エアロゾルと地球環境 笠原三紀夫 東野 達 監修
034 脳科学のテーブル 日本神経回路学会監修／外山敬介・甘利俊一・篠本滋編